1　１本75円のボールペンがあります。450円分買うことができますか。　〔7点〕

式

答え

2　野球場のきょうの来場者は，大人5273人，子ども3628人でした。あわせると，およそ何千人になりますか。　〔7点〕

式

答え

3　あめが37こあります。これをこはるさんと妹の２人で分けることにしました。

①　こはるさんのあめの数を□こ，妹のあめの数を○ことして，□と○の関係を式に書きましょう。　〔8点〕

式

②　①の式で，○にあう数が15のとき，□にあう数はいくつですか。　〔7点〕

答え

③　①の式で，□にあう数が19のとき，○にあう数はいくつですか。　〔7点〕

答え

4　だいちさんの家では，きのうは$\frac{4}{7}$L，きょうは$1\frac{5}{7}$Lの牛にゅうを使いました。２日間であわせて何L使いましたか。　〔8点〕

式

答え

5 | こ350gのかんづめが2こと，| こ340gのかんづめが | こあります。全部の重さは何gですか。| つの式に表し，答えを求めましょう。 〔8点〕

式

答え

6 リボンが2.76mあります。このリボンを同じ長さずつ6人で分けると，| 人分は何mになりますか。 〔8点〕

式

答え

7 93mのひもから14mのひもを6本切り取って使いました。ひもは何m残っていますか。| つの式に表し，答えを求めましょう。 〔10点〕

式

答え

8 全部で312このみかんがあります。| 組で59こ，2組で66こ食べました。残りは何こですか。( )を使って | つの式に表し，答えを求めましょう。 〔10点〕

式

答え

9 えん筆を | ダースとノート2さつを買うと，840円でした。同じえん筆を | ダースと同じノート4さつを買うと，1080円でした。 〔1問 10点〕
① ノート | さつのねだんは何円ですか。

式

答え

② えん筆 | 本のねだんは何円ですか。

式

答え

4年生のふく習だよ。わからなかった問題は
『4年生 文章題』できちんとふく習しておこう。

とく点

点

始め 》》
時 分
》》終わり
時 分

むずかしさ
★

1 5年生285人が，バスで遠足に行きます。1台のバスには45人乗れます。バスは何台いりますか。 〔7点〕

式

答え

2 油が，かんには$2\frac{1}{3}$L，びんには$1\frac{2}{3}$L入っています。どちらがどれだけ多いですか。

式 〔7点〕

答え

3 ひかりさんは，1さつ135円のノート5さつと，80円の消しゴムを1つ買いました。全部で代金は何円になりますか。 〔8点〕

式

答え

4 1本45円のえん筆の本数とその代金について調べます。

① えん筆の本数を□本，そのときの代金を○円として，代金を求める式を書きましょう。 〔8点〕

えん筆の本数(本)	1	2	3	4
代　金(円)	45	90	135	180

式

② □にあう数が5のとき，○にあう数はいくつですか。 〔7点〕

答え

③ ○にあう数が360のとき，□にあう数はいくつですか。 〔7点〕

答え

5 　1周が370mの池があります。かいとさんはこの池のまわりを43周走りました。上から1けたのがい数を使って，およそ何m走ったのか見積もりましょう。〔8点〕

式

答え

6 　1本に2.4dLの水が入ったびんが15本あります。水は全部で何L何dLありますか。〔8点〕

式

答え

7 　色紙を1人に17まいずつ53人に配ろうとしましたが，24まいたりませんでした。色紙は全部で何まいありましたか。1つの式に表し，答えを求めましょう。〔10点〕

式

答え

8 　1組と2組で，おりづるをあわせて750わつくります。1組のほうが2組より30ば多くつくるようにすると，それぞれ何わずつつくればよいですか。〔1問　10点〕

① 　1組は何わつくればよいですか。

式

答え

② 　2組は何わつくればよいですか。

式

答え

9 　リボンが14.6mあります。4.1mずつ切ると，何本できて何mあまりますか。〔10点〕

式

答え

4年生のふく習だよ。わからなかった問題は『4年生　文章題』できちんとふく習しておこう。

とく点　点

1 教室の出入り口で，そうたさんはろう下に出たり，教室に入ったりして遊んでいます。そうたさんは，はじめ教室の中にいて，出入り口を8回横切りました。〔1問　5点〕

① 下の表にあうことばを書きましょう。

出入り口を横切った回数	0	1	2	3	4
今いる場所	教室	ろう下			

② 教室にいるときは，出入り口を横切った回数が偶数のときですか，奇数のときですか。

答え _____

③ ろう下にいるときは，出入り口を横切った回数が偶数のときですか，奇数のときですか。

答え _____

④ 8回出入り口を横切ったとき，そうたさんはどこにいますか。

答え _____

2 花だんにばらが左から，赤，白，赤，白と交ごに植えてあります。〔1問　5点〕

① 赤のばらがならんでいるのは，偶数番めですか，それとも奇数番めですか。

答え _____

② 白のばらがならんでいるのは，偶数番めですか，それとも奇数番めですか。

答え _____

③ 左から数えて，10番めのばらは赤ですか，それとも白ですか。

答え _____

3　ご石を下の図のようにならべました。左から15番めのご石は黒ですか，それとも白ですか。　〔10点〕

● ○ ● ○ ● ○ ● ○ ・・・

答え

4　赤，黄，赤，黄，…という色の順に色紙の輪をつないで，紙のくさりをつくりました。はじめからかぞえて50番めの輪の色は，何色ですか。　〔10点〕

答え

5　おはじきを白，青，白，青，…の順にならべました。はじめからかぞえて32番めのおはじきは，白ですか，それとも青ですか。　〔15点〕

答え

6　花だんにばらが横1列に左から赤，白，赤，白，…の順に植えてあります。　〔1問　15点〕

①　左から15番めのばらは，赤ですか，それとも白ですか。

答え

②　左から24番めのばらは，赤ですか，それとも白ですか。

答え

偶数と奇数の問題だね。まちがえた問題は，もう一度やりなおしてみよう。

とく点

点

整数の問題 ②

月　　日　名前

1　あつさ 4 cm の図かんとあつさ 6 cm の辞典をべつべつに積み重ねています。積み重ねた高さが最初に同じになるのは何cmのときですか。　〔10点〕

答え

2　あつさ 6 cm の板とあつさ 9 cm のブロックをべつべつに積み重ねています。積み重ねた高さが最初に同じになるのは何cmのときですか。　〔10点〕

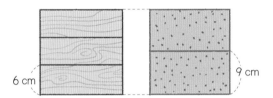

答え

3　赤いランプは 6 秒に 1 回，青いランプは 8 秒に 1 回つきます。赤と青のランプが同時についてから，次にまた同時につくのは何秒後ですか。　〔10点〕

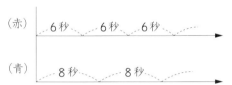

答え

4　ある駅前から，東山行きバスは12分おきに，西山行きバスは 8 分おきに出発します。午前 7 時にこれらのバスが同時に出発しました。次にこの駅から同時に出発するのは，午前何時何分ですか。　〔10点〕

答え

5　赤い自動車と青い自動車が，同時に出発して同じ方向にコースを走り始めました。赤い自動車は18秒，青い自動車は16秒で 1 周します。このまま 2 台の自動車が走り続けると，次に 2 台が出発した地点でいっしょになるのは，出発してから何分何秒後ですか。　〔10点〕

答え

6 たて6cm，横9cmの長方形の紙があります。この紙を下の図のようにならべて，なるべく小さい正方形をつくります。 〔1問 5点〕

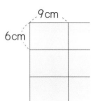

① 正方形の1辺は何cmになりますか。

答え

② 長方形の紙は何まいあればよいですか。

式

答え

7 たて8cm，横12cmの長方形の紙があります。この紙を下の図のようにならべて，できるだけ小さい正方形をつくります。長方形の紙は何まいあればよいですか。 〔10点〕

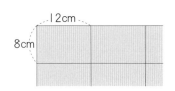

式

答え

8 たて6cm，横8cmの長方形の紙があります。この紙を下の図のようにならべます。 〔1問 10点〕

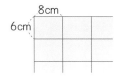

① いちばん小さい正方形をつくります。長方形の紙は何まいあればよいですか。

式

答え

② 2番めに小さい正方形をつくるには，長方形の紙は何まいあればよいですか。

式

答え

9 たて6cm，横8cm，高さ3cmの直方体の積み木がたくさんあります。これを同じ向きにそろえて積み重ね，立方体をつくろうと思います。いちばん体積の小さい立方体をつくるには，何この積み木があればよいですか。 〔10点〕

式

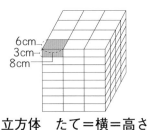

立方体 たて＝横＝高さ

答え

最小公倍数を使ってとく問題だね。

とく点

点

整数の問題 ③

月　　日　名前

1 12このあめを同じ数ずつあまりが出ないように何人かに分けます。1人分を次のようにすると，何人に分けられますか。⑦～⊕の□にあてはまる数を書きましょう。

〔□1つ　5点〕

⑦
1人分

12このあめは6人で分けることができます。

⑦
1人分

12このあめは□人で分けることができます。

⑦
1人分

12このあめは□人で分けることができます。

⊕
1人分

12このあめは□人で分けることができます。

2 8このあめと12このクッキーをそれぞれ同じ数ずつあまりが出ないように何人かに分けます。1人分を下のようにすると，何人に分けられますか。□にあてはまる数を書きましょう。

〔1問　5点〕

① 1人分

□人に分けられます。

② 1人分

□人に分けられます。

8と12の公約数は1，2，4です。

3 あめが9こ，クッキーが6こあります。このあめとクッキーをそれぞれ同じ数ずつあまりが出ないように，何人かの子どもたちに分けようと思います。何人に分けられますか。（1人に全部配ることは分けたことになりません。）

〔10点〕

答え

④ ノートが8さつ，えん筆が12本あります。このノートとえん筆をそれぞれ同じ数ずつあまりが出ないように，何人かの子どもに分けようと思います。何人に分けられますか。1人をのぞいて，分けられる人数をすべて答えましょう。 〔10点〕

答え

⑤ りんごが16こ，みかんが24こあります。それぞれ同じ数ずつあまりが出ないように，何人かの子どもに分けようと思います。何人に分けられますか。1人をのぞいて，分けられる人数をすべて答えましょう。 〔10点〕

答え

⑥ 1組が32人，2組が24人います。それぞれ同じ人数ずつあまりが出ないように分けて，1組と2組合同のはんをつくります。分けられるはんの数は，いちばん多くて何ぱんですか。 〔10点〕

答え

⑦ あめ24ことせんべい30まいがあります。あめとせんべいをそれぞれ同じ数ずつあまりが出ないように分け，なるべく多くの子どもにあげようと思います。1人にあめを何ことせんべいを何まいずつあげればよいですか。 〔10点〕

式

答え

⑧ 赤い色紙36まい，青い色紙42まいをそれぞれ同じ数ずつ分け，できるだけ多くの子どもに配ろうと思います。1人に赤と青の色紙をそれぞれ何まいずつ配ればよいですか。

式 〔10点〕

答え

⑨ たて18cm，横24cmの長方形の紙があります。これを切って，いくつかの正方形のカードをつくります。紙があまらないように，できるだけ大きな正方形のカードをつくるには1辺を何cmに切ればよいですか。 〔15点〕

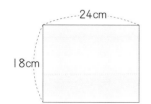

答え

公約数・最大公約数を使ってとく問題だね。

とく点

点

6 分数の問題　①

月　　日　名前

1 リボンが２ｍあります。これを３等分すると，１つ分は何ｍになりますか。　〔10点〕

式

$$\dfrac{2}{3} \div 3 = \dfrac{2}{3}$$

$\bigcirc \div \triangle = \dfrac{\bigcirc}{\triangle}$

答え □ m

2 テープが３ｍあります。これを４等分すると，１つ分は何ｍになりますか。　〔10点〕

式

$$\boxed{} \div \boxed{} = \dfrac{\boxed{}}{\boxed{}}$$

答え

3 さとうが５kgあります。これを３つのふくろに同じ重さずつ入れると，１つのふくろのさとうの重さは何kgになりますか。　〔10点〕

式

答え

4 ５年生は７人で，３Ｌのオレンジジュースを等分しました。６年生は７人で，４Ｌの牛にゅうを等分しました。１人分は，どちらが何Ｌ多いですか。　〔10点〕

式

答え

5 ３ｍの青いテープを，５年生３人で等分しました。また，４ｍの赤いテープを，６年生５人で等分しました。１人分は，どちらが何ｍ長いですか。　〔10点〕

式

答え

6 りんごが3こ, みかんが5こあります。りんごの数は, みかんの数の何倍ですか。

式 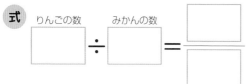 〔10点〕

答え

7 りんごが7こ, かきが6こあります。かきの数は, りんごの数の何倍ですか。 〔10点〕

式

答え

8 さとみさんの家では, あぶらなの種を9m²の畑にまきました。つよしさんの家では, 8m²にまきました。つよしさんの家でまいた面積は, さとみさんの家でまいた面積の何倍ですか。 〔10点〕

式

答え

9 かおりさんは, 赤いテープを8mと青いテープを3m使いました。使った青いテープの長さは, 赤いテープの長さの何倍ですか。 〔10点〕

式

答え

10 たて8m, 横15mの長方形の形をした花だんがあります。花だんのたての長さは, 横の長さの何倍ですか。 〔10点〕

式

答え

○÷△＝○/△の関係をよく覚えておこう。

とく点 点

1　ジュースが１つのびんに $\frac{1}{2}$ L，もう１つのびんに $\frac{1}{3}$ L 入っています。ジュースは全部で何Ｌありますか。　〔10点〕

　式

$$\frac{1}{2}+\frac{1}{3}=\frac{3}{6}+\frac{2}{6}$$
$$=\frac{\square}{6}$$

答え

2　いちごが１つの箱に $\frac{2}{5}$ kg，もう１つの箱に $\frac{1}{4}$ kg入っています。いちごは全部で何kgありますか。　〔10点〕

　式

答え

3　赤いテープが $\frac{1}{12}$ m，白いテープが $\frac{2}{9}$ mあります。テープはあわせて何mありますか。　〔10点〕

　式

答え

4　工作で，はり金を $\frac{3}{5}$ m使いましたが，まだ $\frac{3}{8}$ m残っています。はじめにはり金は何mありましたか。　〔10点〕

　式

答え

5　$\frac{1}{15}$ kgの箱に，ぶどうを $\frac{1}{3}$ kg入れました。全体の重さは何kgですか。　〔10点〕

　式

答え

6 ジュースを$\frac{2}{5}$L飲みましたが，まだ$1\frac{1}{6}$L残っています。ジュースははじめに何Lありましたか。 〔10点〕

式

答え

7 まことさんは，花だんの$2\frac{1}{12}$m²にヒヤシンスを，$1\frac{4}{15}$m²にチューリップを植えました。あわせて何m²に植えましたか。 〔10点〕

式

答え

8 米が2つの入れ物に入っています。1つの入れ物には$1\frac{1}{2}$kg，もう1つの入れ物には$1\frac{2}{3}$kg入っています。米は全部で何kgありますか。 〔10点〕

式

答え

9 工作で，はり金をたけしさんは$\frac{1}{3}$m，ゆうきさんは$\frac{1}{2}$m，かんなさんは$\frac{1}{4}$m使いました。3人が使ったはり金の長さは，全部で何mですか。 〔10点〕

式

答え

10 白いリボンが$\frac{3}{4}$m，赤いリボンが$\frac{2}{5}$m，青いリボンが$\frac{1}{6}$mあります。リボンは全部で何mありますか。 〔10点〕

式

答え

通分するときのまちがいはないか，とちゅうの
式をもう一度たしかめよう。

とく点

点

| 始め 〉〉 時 分 〉〉終わり 時 分 | むずかしさ ★ ★ |

月 日 名前

1 牛にゅうが $\frac{2}{3}$ L ありました。そのうちの $\frac{1}{4}$ L を飲みました。牛にゅうは何L 残っていますか。 〔10点〕

式 $\frac{2}{3} - \frac{1}{4} =$

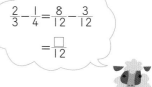
$\frac{2}{3} - \frac{1}{4} = \frac{8}{12} - \frac{3}{12}$
$= \frac{\square}{12}$

答え

2 赤いテープが $\frac{2}{3}$ m，白いテープが $\frac{1}{2}$ mあります。赤いテープは，白いテープより何m長いですか。 〔10点〕

式

答え

3 さとうが $\frac{8}{15}$ kgありました。料理でそのうちの $\frac{1}{3}$ kgを使いました。さとうは何kg残っていますか。 〔10点〕

式

答え

4 いちごが $\frac{2}{7}$ kg，みかんが $\frac{3}{5}$ kgあります。いちごとみかんでは，どちらが何kg多いですか。 〔10点〕

式

答え

5 赤いリボンが $1\frac{4}{5}$ m，黄色いリボンが $1\frac{2}{3}$ mあります。どちらのリボンが何m長いですか。 〔10点〕

式

答え

6 油が$1\frac{7}{12}$Lありました。料理でそのうちの$\frac{2}{15}$Lを使いました。油は何L残っています か。 〔10点〕

式

答え

7 じゃがいもが3kgとれました。そのうちの$1\frac{3}{4}$kgをとなりの家にあげました。じゃが いもは何kg残っていますか。 〔10点〕

式

答え

8 米が$1\frac{1}{2}$kgあります。その後2kg買ってきて料理に使うと，$1\frac{1}{4}$kgになっていました。 料理に使った米は何kgですか。 〔10点〕

式

答え

9 テープが$6\frac{3}{7}$mありました。工作で，ゆうまさんは$3\frac{1}{5}$m使い，あやとさんは$2\frac{2}{3}$m使 いました。テープはあと何m残っていますか。 〔10点〕

式

答え

10 1m²の花だんがあります。りかさんは，そのうちの$\frac{2}{5}$m²，弟は$\frac{1}{4}$m²，妹は$\frac{1}{5}$m²にチュー リップの球根を植えました。まだ球根を植えていないところは何m²ですか。 〔10点〕

式

答え

まちがえた問題はやりなおして，どこでまちが えたのかたしかめてみよう。

とく点

16

点

1 お米が8.3kgあります。これを6つの入れ物に同じように入れます。1つの入れ物に約何kg入れたらよいですか。商を四捨五入して，$\frac{1}{10}$の位(小数第1位)まで求めましょう。　〔10点〕

式　8.3÷6=1.38…

答え ▶

2 ジュース2.5Lを6人で同じように分けます。1人分は約何Lになりますか。商を四捨五入して，$\frac{1}{10}$の位まで求めましょう。　〔10点〕

式　2.5÷6=0.41…

答え ▶

3 5Lのペンキで板を3.6m²ぬることができます。このペンキ1Lでは約何m²をぬることができますか。商を四捨五入して，$\frac{1}{10}$の位まで求めましょう。　〔10点〕

式

答え ▶

4 6Lのペンキで板を4.4m²ぬることができます。このペンキ1Lでは約何m²をぬることができますか。商を四捨五入して，$\frac{1}{10}$の位まで求めましょう。　〔10点〕

式

答え ▶

5 9Lの重さが7.8kgのお米があります。このお米1Lの重さは約何kgになりますか。商を四捨五入して，$\frac{1}{10}$の位まで求めましょう。　〔10点〕

式

答え ▶

6 長さ7.6mのひもを3等分します。1本分の長さは約何mになりますか。商を四捨五入して，上から2けたのがい数で求めましょう。〔10点〕

式 $7.6 \div 3 = 2.53\cdots$

答え

7 えいたさんは，ハイキングで9.5kmの道のりを3時間かかって歩きました。1時間に約何km歩きましたか。商を四捨五入して，上から2けたのがい数で求めましょう。〔10点〕

式

答え

8 5Lのガソリンで39.1km走る自動車があります。この自動車は，ガソリン1Lで約何km走ることができますか。商を四捨五入して，上から2けたのがい数で求めましょう。〔10点〕

式

答え

9 ひかりさんは9mの重さが6.5kgのはり金を持っています。このはり金1mの重さは約何kgですか。商を四捨五入して，上から2けたのがい数で求めましょう。〔10点〕

式

答え

10 3Lのとう油の重さをはかったら，2.5kgありました。このとう油1Lの重さは約何kgですか。商を四捨五入して，上から2けたのがい数で求めましょう。〔10点〕

式

答え

©くもん出版

まちがえた問題は，もう一度やりなおしておこう。

とく点　　点

18

1 1mが300円のぬのを2.5m買いました。代金は何円ですか。　〔10点〕

式

答え

2 1mの重さが250gのはり金があります。このはり金3.6mの重さは何gですか。〔10点〕

式

答え

3 1kgが750円のあずきを1.5kg買いました。代金は何円ですか。　〔10点〕

式

答え

4 1mの重さが15kgの鉄の管があります。この鉄の管1.8mの重さは何kgですか。〔10点〕

式

答え

5 1Lのガソリンで，12km走る自動車があります。2.8Lのガソリンでは，何km走ることができますか。　〔10点〕

式

答え

6 １Ｌが780円の油があります。この油0.6Ｌのねだんは何円ですか。 〔10点〕

式 780×0.6＝

答え

7 １ｍの重さが4 kgの鉄のぼうがあります。この鉄のぼう0.8ｍの重さは何kgですか。

式 〔10点〕

答え

8 １ｍ190円のリボンを0.7ｍ買いました。代金は何円でしたか。 〔10点〕

式

答え

9 １kgのねだんが360円のあずきを0.45kg買いました。代金は何円でしたか。 〔10点〕

式

答え

10 工作で１ｍの重さが350ｇのはり金を0.64ｍ使いました。使ったはり金の重さは何ｇでしたか。 〔10点〕

式

答え

©くもん出版

小数をかける計算はだいじょうぶかな。
『５年生　小数』でよくふく習しておこう。

20

とく点

点

1 　1 L の重さが1.2kgのはちみつがあります。このはちみつ2.5 L の重さは何kgですか。　〔10点〕

式

答え ＿＿＿＿＿＿＿＿＿＿

2 　1 L のガソリンで9.5km走る自動車があります。6.5 L のガソリンでは，何km走ることができますか。　〔10点〕

式

1 Lで走るきょり		全体の量		全体のきょり
	×		=	

答え ＿＿＿＿＿＿＿＿＿＿

3 　1 時間に25.4m²ずつ草をかります。1.5時間では，何m²の草をかることができますか。　〔10点〕

式

答え ＿＿＿＿＿＿＿＿＿＿

4 　1 mの重さが2.6kgのパイプがあります。このパイプ3.4 mの重さは，何kgになりますか。　〔10点〕

式

答え ＿＿＿＿＿＿＿＿＿＿

5 　1 L の重さが1.2kgの食塩水があります。この食塩水1.85 L の重さは何kgですか。　〔10点〕

式

答え ＿＿＿＿＿＿＿＿＿＿

6 あおいさんの家では，この1か月に1Lの重さが1.2kgのソースを0.75L使いました。この1か月に使ったソースの重さは何kgですか。　　　　　　　〔10点〕

式　1.2×0.75＝

答え

7 1Lのジュースの重さをはかったら，1.47kgありました。このジュース1.2Lの重さは何kgですか。　　　　　　　〔10点〕

式

答え

8 1mの重さが1.38kgの鉄のぼうがあります。4.7mの重さは何kgですか。　　　〔10点〕

式

答え

9 1Lの重さが1.08kgの食塩水があります。この食塩水0.95Lの重さは何kgですか。　　　　　　　〔10点〕

式

答え

10 1m²の板にペンキをぬるのに，ペンキが6.5dLいるそうです。2.34m²の板をぬるには，ペンキが何dLあればよいですか。　　　　　　　〔10点〕

式

答え

小数×小数の問題だね。計算は『5年生　小数』でよくふく習しておこう。

とく点　　　点

12　小数の問題　④

始め 》　　時　　分
》 終わり　　時　　分

むずかしさ
★★

1　りくさんの体重は38kgで，お父さんの体重はその1.5倍だそうです。お父さんの体重は何kgですか。　　　　〔10点〕

式

りくさんの体重　　何倍　　お父さんの体重
38 × 1.5 ＝

答え

2　いつきさんの家から駅までの道のりは450mで，いつきさんの家から学校までの道のりは，その1.2倍だそうです。いつきさんの家から学校までの道のりは何mですか。　　　　〔10点〕

式

駅までの道のり　　何倍　　学校までの道のり
　 × 　 ＝

答え

3　小さな荷物の重さは16kgで，大きな荷物の重さはその2.5倍だそうです。大きな荷物の重さは何kgですか。　　　　〔10点〕

式

答え

4　きのう，ひかりさんの家では，とう油を12L使いました。きょうは，きのうの1.4倍使ったそうです。きょう，ひかりさんの家では，とう油を何L使いましたか。　　　〔10点〕

式

答え

5　お兄さんは，きょう学校から帰ってきて，3時間勉強しました。ゆうさんが学校から帰ってきて勉強した時間は，お兄さんの0.75倍だそうです。ゆうさんは何時間勉強しましたか。　　　　〔10点〕

式

答え

6 　赤いリボンが6.5mあります。黄色いリボンの長さは，赤いリボンの0.94倍あるそうです。黄色いリボンの長さは何mですか。 〔10点〕

式

答え

7 　なべには，やかんの3.24倍の水が入るそうです。やかんに入る水の量は2.5Lです。なべには，何Lの水が入りますか。 〔10点〕

式

答え

8 　青いテープの長さは，白いテープの2.4倍あるそうです。白いテープの長さは3.25mです。青いテープの長さは何mありますか。 〔10点〕

式

答え

9 　きょう，いちかさんがピアノの練習をした時間は，お姉さんの0.72倍だそうです。お姉さんは，きょう1.25時間ピアノの練習をしました。いちかさんは何時間ピアノの練習をしましたか。 〔10点〕

式

答え

10 　はなさんの身長は，お父さんの身長の0.84倍だそうです。お父さんの身長は167.5cmだそうです。はなさんの身長は何cmですか。 〔10点〕

式

答え

まちがえた問題は，もう一度やりなおしてみよう。

とく点

点

1 リボンを2.6m買ったら，代金は390円でした。このリボン1mのねだんは何円ですか。 〔10点〕

式

代金 〔　〕 ÷ 買った長さ 〔　〕 = 1mのねだん 〔　〕

答え

2 カーテンをつくるため，ぬのを1.8m買ったら，代金は900円でした。このぬの1mのねだんは何円ですか。 〔10点〕

式

代金 〔　〕 ÷ 買った長さ 〔　〕 = 1mのねだん 〔　〕

答え

3 2.5kgの代金が625円のさとうがあります。このさとう1kgの代金は何円ですか。 〔10点〕

式

答え

4 しょう油が36Lあります。このしょう油を1.8Lずつびんに入れます。びんは何本あればよいですか。 〔10点〕

式

答え

5 10mのひもを2.5mずつ切りとると，ひもは何本になりますか。 〔10点〕

式

答え

6 塩が9kgあります。この塩を1.8kgずつふくろに入れます。ふくろを何ふくろ用意すればよいですか。 〔10点〕

式

答え

7 長さが2mで，重さが250gのはり金があります。このはり金1mの重さは何gですか。 〔10点〕

式 | 全体の重さ ÷ 全体の長さ = 1mの重さ

答え

8 長さが0.9mで，重さが306gのはり金があります。このはり金1mの重さは何gですか。 〔10点〕

式 | 全体の重さ 306 ÷ 全体の長さ 0.9 = 1mの重さ

答え

9 ある液体0.6Lの重さをはかったら，960gありました。この液体1Lの重さは何gですか。 〔10点〕

式

答え

10 0.8Lのガソリンで32km走るオートバイがあります。このオートバイは1Lのガソリンでは何km走りますか。 〔10点〕

式

答え

小数でわる計算はだいじょうぶかな。『5年生
小数』でよくふく習しておこう。

とく点

点

月　日　名前

1 　1.6mの鉄のパイプの重さをはかったら，6.4kgありました。この鉄のパイプ1mの重さは何kgですか。　　　　〔10点〕

式

全体の重さ		鉄のパイプの長さ		1mの重さ
6.4	÷	1.6	=	

答え▶

2 　3.5Lのペンキの重さをはかったら，4.2kgでした。このペンキ1Lの重さは何kgですか。　　　　〔10点〕

式

全体の重さ		ペンキの量		1Lの重さ
	÷		=	

答え▶

3 　4.5mのはり金の重さをはかったら，2.7kgありました。このはり金1mの重さは何kgですか。　　　　〔10点〕

式

答え▶

4 　重さ5.4kgの油をますではかったら，6.48Lありました。この油1kgは何Lになりますか。　　　　〔10点〕

式

答え▶

5 　1.56kgのアルミのぼうの長さをはかったら，2.4mありました。このアルミのぼう1mの重さは何kgですか。　　　　〔10点〕

式

答え▶

6 長さが4.5mで，重さが0.9kgのプラスチックのぼうがあります。このプラスチックのぼう1mの重さは何kgですか。 〔10点〕

式

全体の重さ		全体の長さ		1mの重さ
	÷		=	

答え

7 食用油が0.8Lあります。重さをはかったら，0.7kgありました。この食用油1Lの重さは何kgですか。 〔10点〕

式

答え

8 1.62kgの板の長さをはかったら，3.6mでした。この板1mの重さは何kgですか。

式 〔10点〕

答え

9 ペンキ3.14Lの重さは4.71kgでした。このペンキ1Lの重さは何kgですか。 〔10点〕

式

答え

10 たて1.6m，面積10.4m²の長方形があります。この長方形の横の長さは何mですか。

式 〔10点〕

10.4m² 1.6m

長方形の面積＝たて×横

答え

© くもん出版

小数÷小数の問題だね。計算は『5年生　小数』でよくふく習しておこう。

とく点

点

1 1本が1.2kgの鉄のぼうがたくさんあります。全部をはかりにのせて重さをはかったら，28.8kgありました。鉄のぼうは何本ありますか。〔10点〕

式

全体の重さ ÷ 1本の重さ = 本　数

答え

2 1ふくろの重さが1.5kgのさとうがたくさんあります。全部の重さをはかったら，37.5kgありました。さとうは何ふくろありますか。〔10点〕

式

全体の重さ ÷ 1ふくろの重さ = ふくろの数

答え

3 ゆうきさんは，1周2.5kmの公園のまわりを自転車で毎日1周走ります。これまでに77.5km走りました。何日間走りましたか。〔10点〕

式

答え

4 長さ13.4mのテープがあります。これを2.5mずつ切っていきました。2.5mのテープは何本できましたか。〔10点〕

13.4m
2.5m
あまり

式 ☐ ÷ ☐ = ☐ あまり ☐

答え

5 牛にゅう21.9Lを1.8Lずつびんに入れました。1.8Lのびんは何本できましたか。

式 ☐ ÷ ☐ = ☐ あまり ☐ 〔10点〕

答え

6 1.8 L のしょう油を，0.4 L ずつびんにつめます。0.4 L 入りのびんは何本できて，何 L 残りますか。 〔10点〕

式 □ ÷ □ = □ あまり □

答え _____

7 長さ2.8mのはり金があります。このはり金から0.8mのはり金は何本切り取れますか。また，何m残りますか。 〔10点〕

式

答え _____

8 さとうが14.5kgあります。このさとうを１ふくろに1.6kgずつ入れます。1.6kgのふくろは何ふくろできますか。また，さとうは何kg残りますか。 〔10点〕

式

答え _____

9 350 L のとう油を，9.6 L 入りの容器に入れます。9.6 L 入った容器は何こできますか。また，とう油は何 L 残りますか。 〔10点〕

式

答え _____

10 米が47.2kgあります。これを2.7kgずつふくろに入れます。何ふくろできて，何kgの米が残りますか。 〔10点〕

式

答え _____

わり算の検算は「わる数×商＋あまり＝わられる数」でできるね。答えをたしかめてみよう。

とく点

点

16 小数の問題 ⑧

月　日　名前

1 たての長さが5.8m，横の長さが8.7mの花だんがあります。横の長さは，たての長さの何倍ですか。　〔10点〕

式　

横の長さ ÷ たての長さ ＝ 何 倍

答え

2 重さ6.5gのかぶと虫が，104gの積み木を引っぱって動かしました。このかぶと虫は，自分の体重の何倍の積み木を動かしたことになりますか。　〔10点〕

式　

積み木の重さ ÷ かぶと虫の重さ ＝ 何 倍

答え

3 りんごが大きい箱に28.5kg，小さい箱に1.5kg入っています。大きい箱のりんごの重さは，小さい箱のりんごの重さの何倍ですか。　〔10点〕

式

答え

4 赤いテープが8.6m，黄色いテープが12.9mあります。黄色いテープの長さは，赤いテープの長さの何倍ですか。　〔10点〕

式

答え

5 赤いテープが8.6m，青いテープが3.44mあります。青いテープの長さは，赤いテープの長さの何倍ですか。　〔10点〕

式

答え

6 下の図のように，たて14.4m，横8.64mの長方形があります。横の長さはたての長さの何倍ですか。 〔10点〕

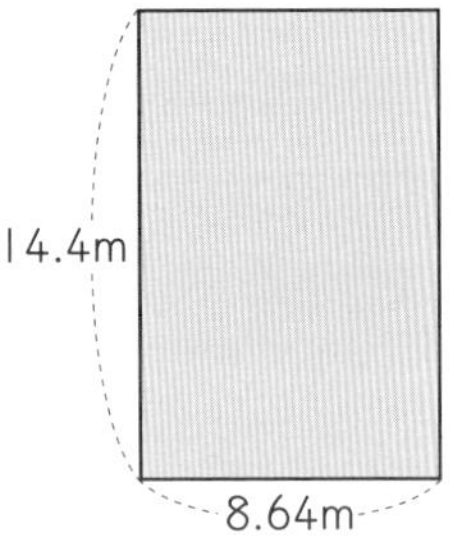

14.4m

8.64m

式

答え

7 大きいびんには水が1.8L，小さいびんには水が0.25L入ります。大きいびんに入る水の量は，小さいびんに入る水の量の何倍ですか。 〔10点〕

式

答え

8 大きいびんには水が1.7L，小さいびんには水が0.8L入ります。大きいびんに入る水の量は，小さいびんに入る水の量のおよそ何倍ですか。答えは四捨五入して，$\frac{1}{10}$の位までのがい数で求めましょう。 〔10点〕

式

答え

9 あやとさんの体重は34.5kgで，お父さんの体重は62.4kgです。お父さんの体重は，あやとさんの体重のおよそ何倍ですか。答えは四捨五入して，$\frac{1}{10}$の位までのがい数で求めましょう。 〔10点〕

式

答え

10 めいさんの身長は142.5cmで，妹の身長は132.8cmです。めいさんの身長は妹の身長のおよそ何倍ですか。答えは四捨五入して，$\frac{1}{10}$の位までのがい数で求めましょう。 〔10点〕

式

答え

わる数とわられる数をまちがえないように気をつけよう。

とく点

点

小数の問題 ⑨

月　　　日　名前

1 　白いテープの長さは7.6mで，これは黄色いテープの長さの2倍にあたります。黄色いテープの長さは何mですか。　〔10点〕

式

白いテープの長さ　　　何　倍　　　黄色いテープの長さ

$$\boxed{7.6} \div \boxed{2} = \boxed{}$$

答え

2 　赤いテープの長さは4.5mで，これは青いテープの長さの1.8倍にあたります。青いテープの長さは何mですか。　〔10点〕

式

赤いテープの長さ　　　何　倍　　　青いテープの長さ

$$\boxed{} \div \boxed{} = \boxed{}$$

答え

3 　お父さんの身長は168.6cmです。これはりょうまさんの身長の1.2倍にあたります。りょうまさんの身長は何cmですか。　〔10点〕

式

答え

4 　大きい箱にりんごが28.5kg入っています。これは小さい箱に入っているりんごの重さの1.5倍にあたるそうです。小さい箱には，りんごが何kg入っていますか。　〔10点〕

式

答え

5 　大きいタンクにとう油が5.4L入っています。これは小さいタンクに入っているとう油の1.2倍にあたるそうです。小さいタンクには，とう油が何L入っていますか。〔10点〕

式

答え

6 赤いテープの長さは4.76mです。これは白いテープの長さの0.56倍にあたります。白いテープは何mありますか。 〔10点〕

式

答え

7 牛にゅうが2.88Lあります。これはジュースの量の0.64倍にあたります。ジュースは何Lありますか。 〔10点〕

式

答え

8 あきらさんはボール投げで49.4m投げました。これは，ゆづきさんの投げた長さの2.47倍にあたるそうです。ゆづきさんは何m投げましたか。 〔10点〕

式

答え

9 しおりさんが家で1日に勉強した時間は，お姉さんの0.6倍で1.5時間だそうです。お姉さんが家で1日に勉強した時間は何時間ですか。 〔10点〕

式 ☐ ÷ ☐ = ☐

答え

10 長方形の横の長さは，たての長さの0.75倍で7.2mだそうです。たての長さは何mですか。 〔10点〕

式

答え

まちがえた問題は，もう一度やりなおしてみよう。

とく点 点

1　10Lが8kgの米があります。この米1.8Lの重さは何kgですか。　〔1問　5点〕

①　米1Lの重さは何kgですか。

式

答え

②　米1.8Lの重さは何kgですか。

式

答え

2　30cmのはり金の重さをはかったら，21gありました。このはり金70cmの重さは何gですか。　〔10点〕

式

答え

3　海水1.5kgから塩が45.3gとれました。海水4.5kgから何gの塩がとれますか。〔10点〕

式

答え

4　12.4mで0.8kgのなわがあります。このなわ2.6kgの長さは何mですか。　〔10点〕

式

答え

5　2.4Lのペンキで1.25m²のかべをぬることができます。22.5m²のかべをぬるには，ペンキを何L用意すればよいですか。　〔10点〕

式

答え

6 1.4kgのダンボール箱に，同じ辞典を何さつかつめてもらったら，18.2kgになりました。1さつの辞典の重さは1.2kgだそうです。辞典はダンボール箱に何さつ入っていますか。 〔10点〕

式 $(18.2-1.4)÷1.2=$

答え＿＿＿＿＿＿＿＿＿＿

7 何本かのジュースを1.1kgの箱に入れてもらったら，全部で20.9kgになりました。ジュース1本の重さは1.8kgだそうです。ジュースは何本箱に入っていますか。 〔10点〕

式

答え＿＿＿＿＿＿＿＿＿＿

8 12.5Lの豆をふくろに入れて重さをはかったら10kgでした。ふくろだけの重さは0.45kgです。この豆1Lの重さは何kgですか。 〔10点〕

式

答え＿＿＿＿＿＿＿＿＿＿

9 水道の細いじゃロからは1分間に10.6L，太いじゃロからは15.8Lの水が出ます。両方のじゃロを同時にあけて12.5分間水を出しました。水は全部で何L出ましたか。

〔10点〕

式

答え＿＿＿＿＿＿＿＿＿＿

10 ガソリン1Lで12.6km走る自動車に，ガソリンが12.5L入っていました。今また20.8Lのガソリンを入れました。入っているガソリン全部を使うと，この自動車は何km走ることができますか。 〔10点〕

式

答え＿＿＿＿＿＿＿＿＿＿

（　）を使って，1つの式に表してみよう。

とく点

点

1 右の表は，たくみさんが8月から12月に読んだ本の数です。

1か月に読んだ本の数の平均は何さつですか。　〔6点〕

たくみさんが読んだ本の数

8月	9月	10月	11月	12月
6	4	0	2	8

式

本の数の合計
(6 + 4 + 0 + 2 + 8) ÷ 月数 5 = 本の数の平均

答え

2 たまご5この重さをはかったら，次のようになりました。たまごの重さの平均は何gですか。　　62g　58g　64g　60g　61g　〔10点〕

式

合計÷こ数＝平均

答え

3 はるとさんは，計算のテストを5回受けました。75点が2回，80点が2回，94点が1回でした。はるとさんの5回のテストの点数の平均は何点ですか。　〔10点〕

式

答え

4 あんなさんのグループは4人で，それぞれの身長は，136cm，140cm，145cm，132cmです。このグループの身長の平均は約何cmですか。答えは四捨五入して整数で求めましょう。　〔10点〕

式

答え

5 みつきさんたちは，学校のろう下の長さをはんごとにはかりました。1ぱんは63.5m，2はんは62.8m，3ぱんは63.4m，4ぱんは63.6mとなりました。ろう下の長さは約何mといえますか。答えは四捨五入して整数で求めましょう。　〔10点〕

式

答え

6 みなとさんの家の近くで，道路の工事が行われていました。はじめの3日間は5台ずつ，次の4日間は4台ずつトラックがきていました。1日約何台のトラックがきていたことになりますか。答えは四捨五入して $\frac{1}{10}$ の位まで求めましょう。 〔10点〕

式

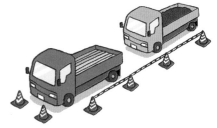

答え _____

7 ゆうなさんは，1日に平均で約2kmずつ走っています。12日間では，全部で約何km走ることになりますか。 〔7点〕

式

1日あたりの平均	日 数	全体のきょり
	×	=

答え

8 たまご1この重さを平均約65gとすると，たまご何こで約2.6kgになりますか。〔7点〕

式 $2.6kg =$ 2600 g

全体の重さ	1こあたりの平均	たまごの数
	÷	=

答え

9 6このオレンジをしぼると，それぞれから70mL，85mL，65mL，90mL，95mL，75mLのジュースがしぼれました。 〔1問 10点〕

① 1こからしぼれたジュースの量の平均は何mLですか。

式

答え

② このオレンジを25こしぼると，何mLのジュースがつくれますか。

式

答え

③ 960mLのジュースをつくるには，オレンジを何こしぼればよいですか。

式

答え _____

© くもん出版

平均の求め方を，正しく覚えておこう。
平均＝合計÷こ数　です。

とく点

点

1 赤いテープは6mで150円，白いテープは5mで130円でした。どちらのテープが安いですか。1mあたりのねだんでくらべましょう。 〔10点〕

式 （赤いテープの1mあたりのねだん）

（白いテープの1mあたりのねだん）

答え

2 5さつで625円のノートと，4さつで520円のノートでは，どちらが安いですか。1さつあたりのねだんでくらべましょう。 〔10点〕

式 （5さつで625円のノート）

（4さつで520円のノート）

答え

3 1.5kgで300円のじゃがいもと，1.6kgで400円のじゃがいもでは，どちらが高いですか。1kgあたりのねだんでくらべましょう。 〔10点〕

式 （1.5kgで300円のじゃがいも）

（1.6kgで400円のじゃがいも）

答え

4 りくとさんの家では50m²の畑から90kgのじゃがいもがとれました。ひまりさんの家では30m²の畑から57kgのじゃがいもがとれました。どちらの家の畑のほうがよくとれましたか。1m²あたりのとれ高でくらべましょう。 〔10点〕

式 （りくとさんの家の畑）

（ひまりさんの家の畑）

答え

5 Aの自動車は35Lのガソリンで315km走り，Bの自動車は40Lのガソリンで380km走りました。どちらの自動車のほうがガソリン1Lあたり長い道のりを走りましたか。

式 （A）

〔10点〕

（B）

答え

6 そうまさんの家では，40m²の畑に大根が360本植えてあります。かのんさんの家では，50m²の畑に大根が460本植えてあります。どちらの畑のほうが植え方がこんでいますか。1m²あたりの本数でくらべましょう。 〔10点〕

式 （そうまさんの家の畑）

（かのんさんの家の畑）

答え

7 面積が500m²の公園に40人の子どもが遊んでいます。面積が300m²の学校の中庭に30人の子どもが遊んでいます。どちらのほうがこんでいますか。1m²あたりの人数でくらべましょう。 〔10点〕

式 （公園）

（中庭）

答え

8 本町小学校の生徒数は820人で，体育館の面積は600m²です。東小学校の生徒数は782人で，体育館の面積は580m²です。それぞれの小学校で，全生徒が体育館に入ったとき，どちらの小学校の体育館のほうがこんでいますか。1m²あたりの人数でくらべましょう。

式 （本町小学校） 〔10点〕

（東小学校）

答え

9 日本の本州の面積は231000km²で，ある年の本州の人口は9308万人でした。その年の本州の人口密度（1km²あたりの人口）を求めましょう。答えは四捨五入して$\frac{1}{10}$の位まで求めましょう。 〔10点〕

式

人口(人)		面積(km²)		人口密度
	÷		=	

答え

10 A町の面積は38km²で人口は7824人，B町の面積は42km²で人口は9240人です。人口密度は，どちらの町のほうが高いですか。 〔10点〕

式 （A町）

（B町）

答え

© くもん出版

人口密度は1km²あたりの人口です。人口密度で，そこに住んでいる人のこみぐあいを知ることができます。

とく点

点

1 りつさんの乗った自動車は，2時間で80kmを走りました。この自動車は，時速何km
で走ったことになりますか。（時速は1時間あたりに進む道のりで表した速さ）〔10点〕

式　道のり ÷ 時間 = 速さ

答え　時速 ◻ km

2 自転車で15分間に2700m走りました。この自転車は分速何mで走ったことになりま
すか。（分速は1分間あたりに進む道のりで表した速さ）〔10点〕

式　道のり ÷ 時間 = 速さ

答え　分速 ◻ m

3 みおさんの家の馬は，120mを8秒で走りました。この馬は，秒速何mで走ったこと
になりますか。（秒速は1秒間あたりに進む道のりで表した速さ）〔10点〕

式　道のり ÷ 時間 = 速さ

答え　秒速 ◻ m

4 すばるさんは自転車で4000mの道のりを25分で走りました。すばるさんの自転車は，
分速何mで走ったことになりますか。〔10点〕

式

答え

5 ほのかさんのお父さんが高速道路を自動車で走っています。お父さんの自動車は，
200kmの道のりを2.5時間で走りました。時速何kmで走ったことになりますか。〔10点〕

式

答え

6 かえでさんの乗った急行列車は，40分間で50km走りました。この急行列車は分速
何kmで走りましたか。　　　　　　　　　　　　　　　　　　　　　　　　〔10点〕

式

答え

7 りくさんは1周が3kmある湖のまわりを1まわりしました。かかった時間は45分で
した。分速約何mで歩きましたか。答えは四捨五入して整数で求めましょう。　〔10点〕

式　3km＝□m

□÷□＝

答え

8 つむぎさんは，25mのプールをクロールで1往復するのに42秒かかりました。つむ
ぎさんは，秒速約何mで泳いだことになりますか。答えは四捨五入して$\frac{1}{10}$の位まで求
めましょう。　　　　　　　　　　　　　　　　　　　　　　　　　　　　〔10点〕

式

答え

9 こうきさんは，1周72mの池のまわりを走りました。10周するのにちょうど3分か
かりました。こうきさんは秒速何mで走ったことになりますか。　　　　　　〔10点〕

式　3分＝□秒

答え

10 たいせいさんは，午前8時40分に家を出て，16kmはなれたところに住んでいるおば
さんの家へ自転車で行きました。おばさんの家に着いた時こくは，ちょうど午前10時
だったそうです。たいせいさんの自転車は，分速何mで走りましたか。　　　〔10点〕

式　10時－8時40分＝□分，16km＝□m

答え

道のり÷時間＝速さ　です。時間や道のりの単位
に注意して式をたてよう。

とく点

点

速さの問題 ②

月　　日　名前

---

1 音は空気中を1秒間に340m進みます。分速何mですか。〔10点〕

式

秒速
□ ×60＝ □ 分速

答え

---

2 ゆうたさんの自転車は，秒速6mで走っています。分速何mですか。〔10点〕

式

答え

---

3 レーシングカーは分速5kmで走ることができます。時速何kmですか。〔10点〕

式

分速
□ ×60＝ □ 時速

答え

---

4 新幹線は，分速4kmで走ることができます。時速何kmですか。〔10点〕

式

答え

---

5 20分間に1.2km歩く人の速さは，時速何kmですか。〔10点〕

式

答え

6 時速1800kmのジェット機の速さは，分速何kmですか。　〔10点〕

式 時速 $\boxed{} \div 60 = $ 分速 $\boxed{}$

答え

7 時速60kmで走っている自動車の速さは，分速何kmですか。　〔10点〕

式

答え

8 つばめは分速1500mで飛ぶことができます。秒速何mですか。　〔10点〕

式 分速 $\boxed{} \div 60 = $ 秒速 $\boxed{}$

答え

9 分速4.2kmで走るレーシングカーの速さは，秒速何mですか。　〔10点〕

式 分速4.2km＝分速 $\boxed{}$ m

答え

10 時速1800kmのジェット機と秒速340mの音では，どちらが速いですか。
（ジェット機の速さを秒速になおしてくらべましょう。）　〔10点〕

式 時速1800km＝時速 $\boxed{}$ m

答え

©くもん出版

秒速×60＝分速，　分速×60＝時速，
時速÷60＝分速，　分速÷60＝秒速，だね。

とく点

点

1 だいきさんのお父さんが運転する自動車は，時速40kmで走っています。3時間では何km進みますか。〔10点〕

式

速さ		時間		道のり
	×		=	

答え ▷ _____

2 時速64kmで走る電車は，2時間30分では何km進みますか。〔10点〕

式

2時間30分は
2.5時間

答え ▷ _____

3 ももこさんは，となり町まで自転車で行ったら15分かかりました。ももこさんの自転車の速さは，分速300mです。となり町までの道のりは何kmですか。〔10点〕

式　分速300m＝分速 [　　　] km

答え ▷ _____

4 はるきさんの乗ったバスは，分速500mの速さで走っています。25分間に何km進みますか。〔10点〕

式

答え ▷ _____

5 秒速8kmのロケットは，5分間で何km進みますか。〔10点〕

式

答え ▷ _____

6 あさひさんは，サイクリングに行きました。朝8時に家を出て，目的地に11時に着きました。自転車の時速は12kmでした。家から目的地まで何kmありますか。　　〔10点〕

式

答え

7 ほのかさんは山登りに行って，遠くに見える山に向かって「ヤッホー。」といったら，6秒後に「ヤッホー。」とこだまが返ってきました。音は空気中を秒速340mで伝わります。ほのかさんのいるところから，遠くに見える山まで何mはなれていますか。〔10点〕

式

答え

8 はやとさんは，家族の人たちと山登りに行きます。山のふもとからとちゅうまでロープウェーで登り，そこからちょう上まで歩きます。山のふもとからちょう上までは，全部で12kmです。ロープウェーには秒速8mで5分間乗ります。そこからちょう上まで歩く道のりは何kmですか。

〔10点〕

式

答え

9 お兄さんはオートバイで親せきの家へ行きました。時速30kmで走ったら，20分で親せきの家に着いたそうです。お兄さんのところから親せきの家まで何kmありますか。〔10点〕

式

答え

10 お父さんは，高速道路で自動車を時速72kmで運転しています。高速道路に入ったのは午前9時40分で，出たのは午前10時20分でした。お父さんは，自動車で高速道路を何km走りましたか。

〔10点〕

式

答え

©くもん出版

速さ×時間＝道のり　です。道のりと速さの単位をそろえてから式をたてよう。

とく点

点

46

24 速さの問題 ④

月　　日　名前

1 ゆうたさんたちは，遠足で12kmの道のりを歩きます。時速3kmで歩くと，何時間かかりますか。 〔10点〕

式

道のり		速さ		時間
12	÷	3	=	

答え

2 けんとさんの家から駅まで910mあります。分速65mで歩くと，何分で行くことができますか。 〔10点〕

式

答え

3 家から海岸まで4.9kmの道のりをオートバイで分速700mの速さで走ると，何分かかりますか。 〔10点〕

式 4.9km＝ ［　　　　　　］ m

答え

4 時速15kmで走る自転車が，22500mの道のりを進むのにかかる時間は，どれだけですか。 〔10点〕

式

答え

5 ちはるさんは，西山駅から54kmはなれた東山駅まで電車で行きました。電車は分速720mの速さで走りました。西山駅から東山駅まで，何時間何分かかりましたか。

式 〔10点〕

答え

6 ひろとさんは，午前8時30分に家を出て川へつりに行きました。ひろとさんの家から川まで2.3kmはなれています。分速50mの速さで歩くと，午前何時何分に川に着きますか。 〔10点〕

式

答え

7 はづきさんは，ハイキングに行きました。はじめの3kmを分速60mで歩き，あとの3.9kmを分速75mで歩いて目的地に着きました。はづきさんは，目的地に着くまで何時間何分かかりましたか。 〔10点〕

式

答え

8 秒速12mで走ることのできる馬がいます。この馬が21.6kmを走るには何分かかりますか。 〔10点〕

式

答え

9 とうまさんは，1周が1.8kmある池のまわりを自転車で3回まわりました。自転車の速さは秒速6mでした。とうまさんは池のまわりを3回まわるのに何分かかりましたか。 〔10点〕

式

答え

10 秒速12mで走ることのできる馬がいます。この馬が21.6kmを走るには何時間かかりますか。 〔10点〕

式

答え

道のり÷速さ＝時間　です。道のりと速さの単位をそろえてから式をたてよう。

とく点

点

割合の問題　①

月　　日　　名前

1　　陸上クラブの定員は20人です。希望調査をしたら，希望者が16人いました。陸上クラブの希望者の数は，定員の何倍ですか。　　　〔10点〕

式

答え _____

2　　陸上クラブの定員は20人です。希望調査をしたら，希望者が16人いました。陸上クラブの希望者の数は，定員のどれだけの割合ですか。　　　〔10点〕

式

答え _____

3　　ななさんの組の人数は35人です。きょうかぜで7人が休みました。かぜで休んだ人の数は，組全体のどれだけの割合ですか。　　　〔10点〕

式

答え _____

4　　ひまわりの種を40つぶまきました。そのうち35つぶが，芽を出しました。芽を出した種の数は，まいた種の数のどれだけの割合ですか。　　　〔10点〕

式

答え _____

5　　あらたさんの組の人数は36人です。そのうち，家で金魚をかっている人が18人います。金魚をかっている人の数は，組全体の人数のどれだけの割合ですか。　　　〔10点〕

式

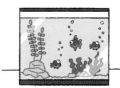

答え _____

6 食塩水150gの中には，食塩が9gとけています。食塩は，食塩水全体のどれだけの割合ですか。 〔10点〕

式

答え

7 ようたさんたちのサッカーのチームは，20回試合をして，15回勝ちました。勝った試合数は，全試合数のどれだけの割合ですか。 〔10点〕

式

答え

8 面積が200m²の畑があります。そのうち40m²にヒヤシンスを植えました。ヒヤシンスを植えた面積は，畑全体のどれだけの割合ですか。 〔10点〕

式

答え

9 定価500円のくつ下を買ったら20円安くしてくれました。安くしてくれたお金は，定価のどれだけの割合ですか。 〔10点〕

式

答え

10 そうまさんの町で，いちばん高いビルの高さは64.8mです。そうまさんの学校の校舎の高さは13.5mです。ビルの高さは，校舎の高さのどれだけの割合ですか。 〔10点〕

式

答え

割合＝くらべる量÷もとにする量　です。どちらをどちらでわるか問題文をよく読んで考えよう。

50

とく点

点

26 割合の問題 ②

月　日　名前

始め >>
時　　分
>> 終わり
時　　分

むずかしさ

★ ★

1 　ひかるさんの体重は35kgです。お兄さんの体重は，ひかるさんの体重の1.2にあたります。お兄さんの体重は何kgですか。〔10点〕

式

答え

2 　長方形の形をした学級園があります。横の長さは14mです。たての長さは，横の長さの1.5にあたるそうです。たての長さは何mですか。〔10点〕

式

答え

3 　つばささんの体重は35kgです。妹の体重は，つばささんの体重の0.9にあたります。妹の体重は何kgですか。〔10点〕

式 35×0.9＝

答え

4 　りくとさんの学校の5年生は，全部で180人です。運動クラブに入った人は，全部の人数の0.6にあたるそうです。運動クラブの人数は何人ですか。〔10点〕

式

答え

5 　とう油が48Lあります。1週間で，全体の0.7にあたる量を使いました。使ったとう油の量は何Lですか。〔10点〕

式

答え

©くもん出版
51

6 さくらさんは，240ページある物語の本を，きょう全体の0.3にあたる分だけ読んだそうです。さくらさんは，きょう何ページ読みましたか。　〔10点〕

式

答え

7 ほのかさんの学校の生徒数は860人です。そのうち0.2にあたる人がみどり町に住んでいます。みどり町に住んでいる生徒は何人ですか。　〔10点〕

式

答え

8 こうたさんの身長は140cmです。弟の身長は，こうたさんの身長の0.8にあたるそうです。弟の身長は何cmですか。　〔10点〕

式

答え

9 本川町の人口は6855人です。大平町の人口は，本川町の人口の1.2にあたるそうです。大平町の人口は何人ですか。　〔10点〕

式

答え

10 おばさんの家から，りんごが400こ送られてきました。そのうち0.1にあたるこ数がくさったり，いたんだりしていました。くさったり，いたんだりしたりんごは何こですか。　〔10点〕

式

答え

くらべる量＝もとにする量×割合　です。

とく点

点

1 ゆうとさんの体重はちょうど49kgで，これは弟の体重の1.4にあたります。弟の体重は何kgですか。　〔10点〕

式

くらべる量		割合		もとにする量
49	÷	1.4	=	35

答え

2 れんさんの体重はちょうど49kgで，これはお兄さんの体重の0.7にあたります。お兄さんの体重は何kgですか。　〔10点〕

式

くらべる量		割合		もとにする量
	÷		=	

答え

3 はるまさんの野球チームは，これまでに何回か試合をしましたが，そのうち8回勝ちました。勝った試合の回数は全試合数の0.4にあたります。はるまさんのチームは，これまでに何回試合をしましたか。　〔10点〕

式

答え

4 みことさんは，宿題の計算問題をしています。これまでに全体の0.6にあたる42題が終わりました。計算問題は，全部で何題ありますか。　〔10点〕

式

答え

5 水そうに，水を4.8L入れました。これは，水そうに入る水全体の0.2にあたるそうです。水そうには，全部で何Lの水が入りますか。　〔10点〕

式

答え

6 はるかさんの学校の5年生は，きょう学年全体の0.2にあたる人がかぜをひいて休みました。かぜをひいて休んだ人は24人です。はるかさんの学校の5年生は，全部で何人いますか。　　〔10点〕

式

答え

7 かのんさんは，きのうまでに，物語の本を204ページ読みました。これは，本全体のページ数の0.8にあたるそうです。物語の本は，全部で何ページですか。　　〔10点〕

式

答え

8 はるきさんの学校の花だんの面積は306m²です。これは，学校の中庭全体の面積の0.4にあたるそうです。はるきさんの学校の中庭の面積は何m²ですか。　　〔10点〕

式

答え

9 なつきさんの身長は136cmで，お兄さんの身長の0.8にあたるそうです。お兄さんの身長は何cmですか。　　〔10点〕

式

答え

10 動物図かんのねだんは2520円で，これは，国語辞典の1.4にあたるそうです。国語辞典のねだんは何円ですか。　　〔10点〕

式

答え

もとにする量＝くらべる量÷割合　です。

とく点

点

月 日 名前

始め >> 時 分
>> 終わり 時 分

むずかしさ ★★

1 しょうまさんの学級の人数は40人で, そのうち犬をかっている人は16人です。犬をかっている人は, 学級全体の人数のどれだけの割合ですか。 〔10点〕

式

答え

2 さおりさんの学級の人数は40人で, そのうち虫歯のある人は24人です。虫歯のある人は, 学級全体の人数の何%ですか。 〔10点〕

式

> 割合を百分率になおして答えます。
> 1は100%
> 0.1は10%, 0.2は20%, ……
> 0.01は1%, 0.02は2%, ……

答え

3 すみれさんの学級の学級文庫の本は60さつあります。そのうち, 今月になってふえた本は18さつです。今月ふえた本は, 全体の何%ですか。 〔10点〕

式

> 割合を表す数に100をかけると%になるね。

答え

4 あゆむさんは, 漢字のテスト50問のうち, 45問が正答でした。あゆむさんは, 全問題数の何%できたことになりますか。 〔10点〕

式

答え

5 食塩水が150gあります。その中には, 食塩が30gとけています。食塩の重さは, 食塩水全体の重さの何%ですか。 〔10点〕

式

答え

6 りおさんの家では，去年野菜を3600m²の畑でつくりました。今年は，さらに900m² ふやしました。今年ふやした野菜畑の面積は，去年の面積の何％にあたりますか。

式　　　　　　　　　　　　　　　　　　　　　　　　　　　　　　〔10点〕

答え

7 2400円だったグローブのねだんが，360円ね上がりしました。もとのねだんの何％ のね上がりですか。　　　　　　　　　　　　　　　　　　　　　　　〔10点〕

式

答え

8 定価400円のかんづめを買ったら，50円まけてくれました。まけてくれた金額は定価の何％ですか。　　　　　　　　　　　　　　　　　　　　　　　　　〔10点〕

式

> 0.125は12.5%

答え

9 みつきさんの町の人口は，今年1年間に321人ふえて6420人になりました。今年ふえた人口は全体の何％ですか。　　　　　　　　　　　　　　　　　　　〔10点〕

式

答え

10 大売り出しで，セーターを400円引きで売っています。定価3200円のセーターは何％引きになっていますか。　　　　　　　　　　　　　　　　　　　　〔10点〕

式

答え

%で表した割合を百分率といいます。割合の求め方をまちがえたときは，よくふく習しておこう。

とく点

点

1　ゆみさんの組の人数は35人です。このうち20%の人に虫歯があります。虫歯のある人は何人ですか。　〔10点〕

式　35×0.2＝

百分率を小数になおして式をつくります。
20%は0.2

答え

2　600さつ仕入れたノートが，きのうまでに30%のさっ数が売れました。売れたノートは何さつですか。　〔10点〕

式

30%は0.3

答え

3　学級文庫に，本が80さつあります。そのうち60%が物語の本です。物語の本は何さつありますか。　〔10点〕

式

答え

4　売りねが4500円のズボンがあります。そのうち20%が利えきです。利えきは何円ですか。　〔10点〕

式

答え

5　たけるさんの学級の学級園の面積は24m²です。この学級園の面積の40%にあたる部分にチューリップを植えました。チューリップを植えた部分の面積は何m²ですか。〔10点〕

式

答え

©くもん出版

6 定員120人の電車に，乗客が定員の75%乗っています。この電車には，乗客が何人乗っていますか。 〔10点〕

式

答え▶

7 大売り出しで，どの品物も定価の25%引きで売っています。定価700円のプラモデルは，何円安く買えますか。 〔10点〕

式

答え▶

8 けんとさんの家では，去年1500kgのじゃがいもがとれました。今年は去年の120%のじゃがいもをとる予定です。今年は，何kgのじゃがいもをとる予定ですか。 〔10点〕

式

120%は1.2

答え▶

9 まおさんの学校の去年の生徒数は640人でした。今年は，去年の5%にあたる生徒数がふえたそうです。今年は何人ふえましたか。 〔10点〕

式

5%は0.05

答え▶

10 あるりんごの成分は，86%が水分だそうです。180gの重さのこのりんごには，何gの水分がふくまれていますか。 〔10点〕

式

86%は0.86

答え▶

百分率(%)を小数の割合になおしてから式をたてよう。

とく点

点

30 割合の問題 ⑥

1 なおゆきさんの学校では，きょう5年生の生徒が12人欠席しました。これは，5年生全体の生徒の10%にあたります。5年生全体の生徒の数は何人ですか。〔10点〕

式 12÷0.1＝

答え

 10%は0.1

2 そうすけさんの組には，虫歯のある人が21人います。これは，組全体の人数の60%にあたります。そうすけさんの組は，全部で何人ですか。〔10点〕

式

答え

3 水そうに水を6Lだけ入れました。これは，水そうに入る水の量の20%にあたります。この水そうに入る水の量は何Lですか。〔10点〕

式

答え

4 学級文庫には12さつのまんがの本があります。これは，学級文庫全体の30%にあたります。学級文庫には，本が全部で何さつありますか。〔10点〕

式

答え

5 りくさんは，持っていたお金の40%を使って，300円の絵の具を買いました。りくさんが持っていたお金は全部で何円でしたか。〔10点〕

式

答え

©くもん出版
59

6 なおさんの家では，今年になって畑の一部を花畑にしました。花畑の面積は80m²で，畑全体の面積の10%にあたります。畑全体の面積は何m²ですか。　　　　〔10点〕

式

答え

7 ひかりさんは，きのうまでに，物語の本を240ページ読みました。これは，本全体のページ数の40%にあたります。物語の本は，全部で何ページですか。　　〔10点〕

式

答え

8 今年，ゆうせいさんの家では3600kgのみかんがとれました。これは，去年とれたみかんの120%にあたります。去年は，何kgのみかんがとれましたか。　　〔10点〕

式

答え

9 りくとさんの今年の4月の体重は41.8kgでした。これは，去年の4月の体重の110%にあたります。りくとさんの去年の4月の体重は何kgでしたか。　　〔10点〕

式

答え

10 くだもの屋さんで仕入れたりんごのうち140こが，いたんでいました。これは，仕入れたりんごの10%にあたります。りんごを全部で何こ仕入れましたか。　　〔10点〕

式

答え

百分率（％）を小数の割合になおしてから式をたてよう。

とく点

点

1 90gの水に食塩10gをとかして、食塩水をつくりました。とかした食塩の重さは、食塩水全体の重さの何%になりますか。 〔10点〕

式

答え

2 120gの水に食塩30gをとかして、食塩水をつくりました。とかした食塩の重さは、食塩水全体の重さの何%になりますか。 〔10点〕

式

答え

3 食塩が20gあります。これを480gの水にとかして食塩水をつくりました。とかした食塩の重さは、食塩水全体の重さの何%になりますか。 〔10点〕

式

答え

4 ひまわりの種をまいたら、芽が出たのは45つぶ、芽が出なかったのは5つぶでした。芽が出た種は、まいた種全体の何%になりますか。 〔10点〕

式

答え

5 バスケットボールでドリブルシュートの練習をしています。すみれさんは62回入りましたが、18回は入りませんでした。入った回数の割合は全体の何%ですか。 〔10点〕

式

答え

6 去年500円のプラモデルが，今年は50円ね上がりしました。今年のプラモデルのねだんは，去年の何%にあたりますか。 〔10点〕

1.1は110%

式

今年のねだん
去年のねだん
割合

$(\boxed{500+50}) \div \boxed{500} = \boxed{}$

答え

7 去年300円のかんづめが，今年は60円ね上がりしました。今年のかんづめのねだんは，去年のねだんの何%にあたりますか。 〔10点〕

式

今年のねだん
去年のねだん
割合

$(\boxed{ + }) \div \boxed{} = \boxed{}$

答え

8 みおさんの学校の生徒数は，去年は456人でした。今年は114人ふえました。今年の生徒数は，去年の何%にあたりますか。 〔10点〕

式

答え

9 ある電車の定員は250人です。今，乗客は定員より150人多いそうです。乗客の数は，定員の何%にあたりますか。 〔10点〕

式

答え

10 去年，ゆいとさんの家では，じゃがいもが2800kgとれました。今年は，それよりも600kg多くとれました。今年の収かく量は，去年の収かく量のおよそ何%にあたりますか。百分率(%)は四捨五入して整数で求めましょう。 〔10点〕

式

答え

©くもん出版

もとにする量が何か，問題文をよく読んで式をたてよう。

とく点

62 点

1 定価300円のかんづめを270円で売りました。安くした分のお金は，定価の何%ですか。 〔10点〕

式

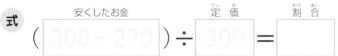

安くしたお金　　定価　　割合
(300－270) ÷ 300 = [　]

答え ▶ _____

2 定価200円の筆を180円で売りました。安くした分のお金は，定価の何%ですか。 〔10点〕

式

安くしたお金　　定価　　割合
([　]) ÷ [　] = [　]

答え ▶ _____

3 定価500円のペンを400円で買いました。安くしてくれた分のお金は，定価の何%ですか。 〔10点〕

式

答え ▶ _____

4 全校の生徒数は800人です。そのうち虫歯のある人は380人です。虫歯のない人は，全体の何%ですか。 〔10点〕

式

答え ▶ _____

5 200gの水に，食塩を加えて250gの食塩水をつくりました。とかした食塩の重さは，食塩水全体の重さの何%ですか。 〔10点〕

式

答え ▶ _____

6 りょうさんの学校では，今年の生徒数が去年より60人ふえて560人になりました。今年ふえた生徒数は，去年の生徒数の何％にあたりますか。　〔10点〕

式　ふえた生徒数　　去年の生徒数　　　割合

$$\boxed{60} \div (\boxed{560-60}) = \boxed{}$$

答え

7 しょう油のねだんは，今年は去年より40円ね上がりして540円になりました。ね上がりした分は，去年のねだんの何％にあたりますか。　〔10点〕

式　ね上がりした分　　去年のねだん　　　割合

$$\boxed{} \div (\boxed{}) = \boxed{}$$

答え

8 ももかさんの学級の学級文庫の本の数は，先月より8さつ多くなり，今月は48さつになりました。ふえた本の数は，先月の本の数の何％にあたりますか。　〔10点〕

式

答え

9 ある自動車屋さんで，今月は75台の自動車が売れました。これは，先月より15台ふえたことになります。先月よりふえた台数は，先月に売れた台数の何％にあたりますか。　〔10点〕

式

答え

10 ゆうきさんの家では，今年はじゃがいも畑を去年より300m²ふやして4300m²にしました。今年は，去年のじゃがいも畑の広さの何％をふやしたことになりますか。　〔10点〕

式

答え

もとにする量，くらべる量がどうなるか，問題文をよく読んで考えよう。

とく点　　　点

割合の問題 ⑨

月　　日　名前

1　1こ300円で仕入れたかんづめに，20%のもうけがあるように定価をつけようと思います。定価は何円にすればよいですか。（20%のもうけですから，定価は仕入れたねだんの120%になっています。）　〔10点〕

式　300×1.2＝360

答え

2　400円で仕入れたしょう油に，10%のもうけがあるように定価をつけようと思います。定価は何円にすればよいですか。　〔10点〕

式

答え

3　しょうまさんの学校の今年の生徒数は，去年の10%だけ多くなりました。去年の生徒数は480人でした。しょうまさんの学校の今年の生徒数は何人ですか。　〔10点〕

式

答え

4　きょうのさんまのねだんは，きのうのねだんの30%だけね上がりしています。きのうのさんまのねだんは1kg600円でした。きょうのさんまのねだんは1kg何円ですか。　〔10点〕

式

答え

5　みゆさんのお父さんは，旅行で宿はく料金が13000円の宿にとまりました。これに加えて，さらにサービス料が宿はく料金の10%必要です。みゆさんのお父さんは，宿に何円はらわなければなりませんか。ただし，消費税は考えに入れないことにします。　〔10点〕

式

答え

6　あいりさんは，定価800円の絵の具を，定価の20%引きで買いました。あいりさんは，絵の具を何円で買いましたか。（20%引きですから，定価の80%になっています。）

式　$800 \times 0.8 = 640$　　　　　　　　　　　〔10点〕

答え

7　かなとさんの学校では，去年は生徒数が480人でしたが，今年は，去年の20%だけへりました。今年の生徒数は何人ですか。　　〔10点〕

式

答え

8　ふうとさんは，定価2800円のくつを25%引きで買いました。ふうとさんは，くつを何円で買いましたか。　　〔10点〕

式

答え

9　れんさんのお父さんは，600㎡の畑のうち，68%をたがやしました。まだ，たがやしていないところの面積は，何㎡ですか。　　〔10点〕

式

答え

10　学校全体の人数が600人で，そのうち虫歯のある人の割合は35%だそうです。虫歯のない人は何人ですか。　　〔10点〕

式

答え

もとにする量を100%として割合を表したのが百分率です。まちがえた問題はやりなおして，どこでまちがえたのか，たしかめよう。

とく点

　　　　　　　　　　　　　　　　　　　　点

1 定価の20%引きですいかを買ったら580円でした。このすいかの定価は何円ですか。定価を□円として式に表し，答えを求めましょう。（20%引きですから，すいかのねだんは定価の80%になっています。）〔10点〕

式　□×0.8＝580

□＝ ◻ ÷ ◻

＝ ◻

答え _____

2 定価の10%引きでシャツを買い，2250円はらいました。このシャツの定価は何円ですか。定価を□円として式に表し，答えを求めましょう。〔10点〕

式　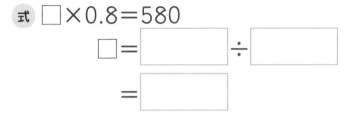

答え _____

3 ある船に乗客が280人乗っています。これは，定員より30%少ないそうです。この船の定員は何人ですか。定員を□人として式に表し，答えを求めましょう。〔10点〕

式

答え _____

4 ひなたさんの家で，すぎのなえを植えました。植えたすぎのなえの10%はかれてしまい，今，225本が育っています。はじめに植えたすぎのなえは何本でしたか。はじめに植えたすぎのなえの数を□本として式に表し，答えを求めましょう。〔10点〕

式

10%かれたので，育っているのは90%です。

答え _____

5 畑の40%をたがやしました。たがやしていないところは840m²あるそうです。畑全体の面積は何m²ですか。畑全体の面積を□m²として式に表し，答えを求めましょう。

〔15点〕

式

答え

6 科学クラブには5年生と6年生が入っています。5年生の人数は，科学クラブ全体の20%で，6年生は32人いるそうです。科学クラブに入っている人は，全部で何人ですか。科学クラブに入っている人の数を□人として式に表し，答えを求めましょう。 〔15点〕

式

答え

7 さきさんは，物語の本の10%を読みました。まだ，読んでいないページが180ページあるそうです。この本は全部で何ページありますか。本全体のページ数を□ページとして式に表し，答えを求めましょう。

〔15点〕

式

答え

8 あるえい画館で，席がたりなくて立って見ている人が60人いました。えい画を見ている人の数は，席の数の120%にあたるそうです。席の数は何席ありますか。席の数を□席として式に表し，答えを求めましょう。

〔15点〕

式

答え

もとにする量を100%として割合を表したのが百分率です。まちがえた問題はやりなおして，どこでまちがえたのか，たしかめよう。

とく点

点

1 　ゆうまさんたちのサッカーチームは，20回試合して12回勝ちました。勝った試合数は，全試合数の何割ですか。歩合で答えましょう。　　〔10点〕

式　12÷20 =0.6

割合を歩合で答えましょう。
0.1を1割，0.2を2割……
0.01を1分，0.02を2分，……
0.001を1厘，0.002を2厘，……
といいます。

答え　　6割

2 　定価が450円のプラモデルがあります。これには，もうけが45円ふくまれています。もうけは定価のどれだけですか。歩合で答えましょう。　　〔10点〕

式

答え

3 　定価1500円のくつ下を1200円で売っている店があります。定価の何割引きで売っていますか。　　〔10点〕

式

答え

4 　1こ400円で仕入れたかんづめに，2割のもうけがあるように定価をつけようと思います。もうけを何円にすればよいですか。　　〔10点〕

式

2割は0.2

答え

5 　じゃがいも畑の面積は540m²で，これはねぎ畑の18割にあたります。ねぎ畑の面積は何m²ですか。　　〔10点〕

式

18割は1.8

答え

6 定価の3割引きで水とうを買ったら1260円でした。この水とうの定価は何円ですか。定価を□円として式に表し，答えを求めましょう。　〔10点〕

式

> 3割引きということは，定価の7割です。

答え _____

7 ある町の人口が，1年間に1年前の1割ふえて3850人になりました。この町の1年前の人口は何人でしたか。1年前の人口を□人として式に表し，答えを求めましょう。

式　　　　　　　　　　　　　　　　　　　　　　　　　　　〔10点〕

答え _____

8 水そうに水を36L入れました。この水の量は，水そうに入る量の4割8分にあたります。この水そうに入る量は何Lですか。　〔10点〕

式

> 4割8分は0.48

答え _____

9 1こ600円で仕入れたマスコット人形に，仕入れたねだんの2割5分のもうけがあるように定価をつけようと思います。定価は何円にすればよいですか。　〔10点〕

式

答え _____

10 ひなのさんの学校の生徒数は480人です。このうち1割2分5厘の人が近視だそうです。近視の人は何人いますか。　〔10点〕

式

> 1割2分5厘は0.125

答え _____

0.234は2割3分4厘，0.567は5割6分7厘と表せます。いろいろな小数を歩合で表してみよう。

とく点　　　点

36 いろいろな問題 ①

始め 》
時　　分
》 終わり
時　　分

むずかしさ
★ ★ ★

月　　日　名前

1 なし1ことみかん1こで190円です。同じなし1ことみかん3こで270円です。

① みかん1このねだんは何円ですか。 〔1問　5点〕

式

答え

② なし1このねだんは何円ですか。

式

答え

2 なし1ことみかん1こで190円です。同じなし1ことみかん4こで340円です。

〔1問　5点〕

① みかん1このねだんは何円ですか。

式

答え

② なし1このねだんは何円ですか。

式

答え

3 りんご1ことかき1こで220円です。同じりんご1ことかき3こで340円です。りんご1ことかき1このねだんは、それぞれ何円ですか。 〔10点〕

式

答え

4 消しゴム1ことノート2さつで290円、同じ消しゴム1ことノート4さつで530円です。消しゴム1ことノート1さつのねだんは、それぞれ何円ですか。 〔10点〕

式

答え

5 消しゴム2ことノート3さつで450円、同じ消しゴム2ことノート6さつで780円です。消しゴム1ことノート1さつのねだんは、それぞれ何円ですか。 〔10点〕

式

答え

6 りんごとくりがあわせて12こあります。くりの数は，りんごの数の2倍あるそうです。

〔1問　5点〕

① りんごは何こありますか。

式 12÷（2＋1）＝

答え _____

② くりは何こありますか。

式

答え _____

7 かきとみかんがあわせて16こあります。みかんの数は，かきの数の3倍あるそうです。

〔1問　5点〕

① かきは何こありますか。

式

答え _____

② みかんは何こありますか。

式

答え _____

8 赤いおはじきと青いおはじきがあわせて24こあります。青いおはじきの数は，赤いおはじきの数の2倍あるそうです。赤いおはじきと青いおはじきは，それぞれ何こありますか。

〔10点〕

式

答え _____

9 大人と子どもがあわせて40人います。子どもの人数は，大人の人数の4倍だそうです。大人と子どもは，それぞれ何人いますか。

〔10点〕

式

答え _____

10 るいさんはお父さんと2人で，ある動物園に行き，あわせて1950円の入園料をはらいました。この動物園の大人の入園料は，子どもの入園料の2倍だそうです。この動物園の入園料は，大人と子ども，それぞれ何円ですか。

〔10点〕

式

答え _____

問題を図に表して考えると，わかりやすくなるよ。
まちがえた問題はもう一度やりなおしてみよう。

とく点

点

1 下の図のように，おはじきを，１辺が２こ，３こ，４こ，……となるような正方形の形にならべていきます。　　　　　　　　　　　　　　　　〔1問全部できて　10点〕

　……

① １辺が５ことなるようにおはじきをならべると，おはじきは全部で何こになりますか。

答え

② １辺が３こ，４こ，５ことなるようにならべたとき，それぞれのおはじき全部の数を求める式を，次のように考えました。□にあてはまる数を書きましょう。

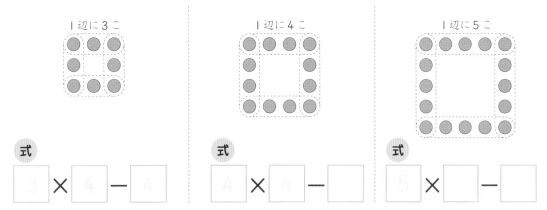

１辺に３こ
式
$3 × 4 − 4$

１辺に４こ
式
$4 × 4 − \boxed{}$

１辺に５こ
式
$5 × \boxed{} − \boxed{}$

③ １辺が20ことなるようにならべたとき，おはじきは全部で何こになりますか。

式

答え

2 下の図のように，おはじきを，１辺が２こ，３こ，４こ，……となるような正三角形の形にならべていきます。１辺が20ことなるようにならべたとき，おはじきは全部で何こになりますか。　　　　　　　　　　　　　　　　〔20点〕

　……

式

答え

3 下の図のように，１まいめ，２まいめ，３まいめ，……と●の数が順にふえていくカードをならべていきます。20まいめの●の数はいくつですか。　〔10点〕

| １まいめ | ２まいめ | ３まいめ | ４まいめ |

式

答え

4 右の図のように，おはじきをならべて正三角形をつくっていきます。　〔１問全部できて　10点〕

① １辺が３こ，４ことなるようにならべたとき，それぞれのおはじきの数を求める式を，次のように考えました。□にあてはまる数を書きましょう。

１辺に３こ

3列

3こ　１こ

式
$$(3 + \boxed{}) \times 3 \div 2$$

１辺に４こ

式
$$(4 + \boxed{}) \times \boxed{} \div \boxed{}$$

② １辺が20ことなるようにならべたとき，おはじきは全部で何こになりますか。

式

答え

5 右の図のように，正方形の板をならべていきます。いちばん下のだんが20まいのとき，正方形の板は，何まいいりますか。

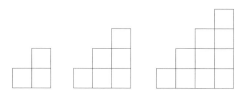

〔20点〕

式

答え

まちがえた問題は，もう一度やりなおしてみよう。

とく点

点

38 いろいろな問題 ③

月 日 名前

始め ≫
時 分
≫ 終わり
時 分

むずかしさ
★ ★ ★

1 何こかたまごを買うつもりでお金をちょうど用意してお店に行きましたが，1こにつき，5円安くなっていたので，30円残りました。たまごを何こ買いましたか。 〔10点〕

式

答え

2 1こ20円のたまごを買うつもりでお金をちょうど用意しましたが，1こ15円のたまごを買ったので，ちょうど50円残りました。たまごを何こ買いましたか。 〔10点〕

式 （1こにつき5円安くなっていたのですから）

50÷5＝

答え

3 1さつ110円のノートを買うつもりでお金をちょうど用意しましたが，1さつ90円のノートを買ったので，100円残りました。ノートを何さつ買いましたか。 〔10点〕

式

答え

4 1本60円のえん筆を買うつもりでお金をちょうど用意しましたが，1本55円のえん筆を買ったので，40円残りました。えん筆を何本買いましたか。 〔10点〕

式

答え

5 1こ80円のりんごを買うつもりでお金をちょうど用意しました。お店に行くと1こ65円のりんごがあったので，それを買ったところ，お金が90円残りました。〔1問 5点〕
① りんごを何こ買いましたか。

式

答え

② お金は何円用意していましたか。

式

答え

6　かいとさんは，画用紙を15まい買うつもりでお金をちょうど用意しましたが，予定よりも1まいにつき4円高かったので，それを10まい買ってちょうどでした。

〔1問　10点〕

① かいとさんは，はじめ1まい何円の画用紙を買う予定でしたか。

　式（買った10まいの画用紙が1まいについて4円安ければ，あと5まい買えたのですから）

　　$4 \times 10 \div 5 =$

答え _____

② かいとさんは，お金を何円持って買い物に行きましたか。

　式

答え _____

7　ももかさんは，たまごを20こ買うつもりでお金をちょうど用意しましたが，予定よりも1こにつき5円高かったので，15こ買ってちょうどでした。　〔1問　10点〕

① ももかさんは，はじめ1こ何円のたまごを買う予定でしたか。

　式

答え _____

② ももかさんは，お金を何円持って買い物に行きましたか。

　式

答え _____

8　あかりさんは，ケーキを10こ買うつもりでお金をちょうど用意しましたが，買う予定のケーキが1こにつき25円高かったので，8こ買ってちょうどでした。あかりさんは，お金を何円持って買い物に行きましたか。

〔10点〕

　式

答え _____

まちがえた問題は，もう一度やりなおしてみよう。

とく点

点

1 長さ60mの電車が，さくらさんの前を通過するのに4秒かかりました。この電車は秒速何mで走っていましたか。 〔10点〕

式

答え

2 長さ80mの電車が，120mの鉄橋をわたり始めてから，すっかりわたり終えるまでに5秒かかりました。この電車は秒速何mで走っていましたか。 〔10点〕

式

電車と鉄橋をあわせた長さ　　時　間　　速さ

$\left(\right) \div \boxed{} = \boxed{}$

答え

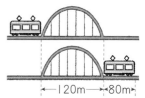

|←120m→|←80m→|

3 長さ80mの電車が240mのトンネルに入り始めてから，すっかり出てしまうまでに8秒かかりました。この電車は秒速何mで走っていましたか。 〔10点〕

式

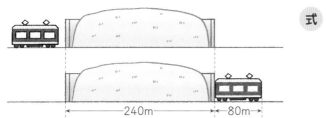

|←240m→|←80m→|

答え

4 長さ90mの電車が660mの鉄橋をわたり始めてから，すっかりわたり終えるまでに30秒かかりました。この電車は分速何mで走っていましたか。 〔10点〕

式

答え

5 秒速50mで走る電車が，長さ900mの橋をわたり始めてから，すっかりわたり終えるまでに20秒かかりました。この電車の長さは何mですか。 〔10点〕

式

20秒で進んだ道のりは
電車と橋をあわせた長さ

答え

6 秒速20mで走る電車が，長さ330mのトンネルに入り始めてから，すっかり出てしまうまでに20秒かかりました。この電車の長さは何mですか。　　　　〔10点〕

式

答え

7 時速86.4kmの電車が，長さ2.97kmのトンネルに入り始めてから，すっかり出てしまうまでに2分10秒かかりました。この電車の長さは何mですか。　　　　〔10点〕

式

答え

8 長さ120mで，秒速25mの速さで走る電車が，長さ580mのトンネルをすっかり通りすぎるのに，何秒かかりますか。　　　　〔10点〕

式

答え

9 長さ453mの鉄橋を秒速23mの速さで列車が通過しました。この列車の長さは145mです。列車が鉄橋をすっかり通過するのに，何秒かかりましたか。　　　　〔10点〕

式

答え

10 長さ100mで，分速1.8kmの速さで走る列車が，長さ500mのトンネルをすっかり通りすぎるのに，何秒かかりますか。　　　　〔10点〕

式

答え

©くもん出版

電車と橋，電車とトンネルの長さをたすことを，わすれないようにしよう。また，速さと長さの単位をそろえてから式をたてよう。

とく点

点

1 赤，青，赤，青，…という色の順で，色紙の輪をつないでいって，紙のくさりをつくりました。はじめからかぞえて，35番めの輪の色は，何色ですか。　〔8点〕

答え

2 ジュースを $\frac{1}{4}$ L 飲みましたが，まだ $1\frac{1}{3}$ L 残っています。はじめにジュースは何 L ありましたか。　〔8点〕

式

答え

3 1 L の重さが1.15kg の食塩水の0.84 L 分の重さは何kg ですか。　〔8点〕

式

答え

4 3.5 L のガソリンで43.6km 走る自動車があります。この自動車はガソリン 1 L で約何km 走ることができますか。商を四捨五入して $\frac{1}{10}$ の位まで求めましょう。　〔8点〕

式

答え

5 あさひさんの体重は32.4kg，だいちさんの体重は28.8kg，ゆうきさんの体重は38.7kg です。3 人の体重の平均は何kg ですか。　〔8点〕

式

答え

6 あおいさんの乗った電車は，50分間で70km 走りました。この電車は分速何km で走りましたか。　〔10点〕

式

答え

7 つむぎさんのクラスの人数は35人です。そのうち14人が家で金魚をかっています。金魚をかっている人はクラス全体の人数の何%ですか。　　　　　　〔10点〕

式

答え

8 360こ仕入れたりんごが、きょうだけで全体の35%売れました。きょう、りんごは何こ売れましたか。　　　　　　〔10点〕

式

答え

9 りつさんは、問題集の全ページの20%をときました。まだ、といていないページが96ページあるそうです。この問題集は全部で何ページありますか。問題集全体のページ数を□ページとして式に表し、答えを求めましょう。　　　　　　〔10点〕

式

答え

10 1こ160円で仕入れたかんづめに、2割5分の利えきがあるように定価をつけようと思います。定価を何円にすればよいですか。　　　　　　〔10点〕

式

答え

11 りんご1ことみかん2こで270円、同じりんご1ことみかん5こで450円です。りんご1こ、みかん1このねだんは、それぞれ何円ですか。　　　　　　〔10点〕

式

答え

これまでのまとめだよ。まちがえた問題はもう一度
やりなおして、100点にしたら終わりだよ。

とく点　　点

1 駅前から，北町行きバスは16分おきに，東町行きバスは12分おきに出発します。午前9時30分にこれらのバスが同時に出発しました。次に駅からバスが同時に出発するのは，午前何時何分ですか。 〔10点〕

答え

2 $3\frac{2}{5}$ L あったペンキを $1\frac{3}{4}$ L 使いました。ペンキは，何L残っていますか。 〔10点〕

式

答え

3 やかんには，なべの2.25倍の水が入ります。なべに入る水の量は2.4Lです。やかんには，何Lの水が入りますか。 〔10点〕

式

答え

4 たて3.2m，面積が14.4m²の長方形があります。この長方形の横の長さは何mですか。 〔10点〕

式

答え

5 みかん1この重さを平均85gとすると，みかん何こで3.4kgになりますか。 〔10点〕

式

答え

6 家から駅まで，ゆいさんが自転車で分速200mの速さで走ると，20分かかりました。家から駅まで何kmありますか。 〔10点〕

式

答え

7 けんとさんが入っているサッカーチームの人数は32人で，そのうちの8人が5年生です。5年生の人数は，チーム全体の人数のどれだけの割合ですか。 〔10点〕

式

答え

8 さきさんは，持っていたお金の25%を使って，120円の下じきを買いました。はじめに何円持っていましたか。 〔10点〕

式

答え

9 食塩が30gあります。これを220gの水にとかして食塩水をつくりました。とかした食塩の重さは，食塩水全体の重さの何%になりますか。 〔10点〕

式

答え

10 定価の30%引きでセーターを買い，2240円はらいました。このセーターの定価は何円ですか。定価を□円として式に表し，答えを求めましょう。 〔10点〕

式

答え

©くもん出版

これまでのまとめだよ。まちがえた問題は，もう一度やりなおしてみよう。

とく点

点

1 1組が16人，2組が24人います。それぞれ同じ人数ずつあまりが出ないように分けて，1組と2組合同のはんをつくります。はんの数は，いちばん多くて何ぱんですか。 〔10点〕

答え

2 赤いリボンが$3\frac{2}{5}$m，黄色いリボンが$2\frac{2}{3}$mあります。どちらのリボンが何m長いですか。 〔10点〕

式

答え

3 食塩が45.3kgあります。これを，3.75kgずつふくろに入れます。何ふくろできて，何kgの食塩が残りますか。 〔10点〕

式

答え

4 12.4mが0.8kgのなわがあります。このなわ15.6kgの長さは何mですか。 〔10点〕

式

答え

5 西小学校は生徒数が550人で，体育館の面積は450m²です。東小学校は生徒数が680人で，体育館の面積は560m²です。それぞれの小学校で，全生徒が体育館に入ったとき，どちらの小学校の体育館のほうがこんでいますか。1m²あたりの人数でくらべましょう。 〔10点〕

式

答え

6 まさるさんの町の人口は，今年1年間で492人ふえて9840人になりました。今年ふえた人口は全体の何%ですか。 〔10点〕

式

答え

7 定価2800円のぼうしが，25%引きで売られています。このぼうしは何円で買えますか。 〔10点〕

式

答え

8 水そうに水を36L入れました。この水の量は，水そうに入る量の4割5分にあたります。この水そうに入る量は何Lですか。 〔10点〕

式

答え

9 赤い色紙と青い色紙が，あわせて64まいあります。赤い色紙の数は，青い色紙の数の3倍だそうです。赤い色紙と青い色紙は，それぞれ何まいありますか。 〔10点〕

式

答え

10 長さ80mの電車が420mの鉄橋をわたり始めてから，すっかりわたり終えるまでに25秒かかりました。この電車は分速何mで走っていましたか。 〔10点〕

式

答え

これまでのまとめだよ。まちがえた問題はもう一度
やりなおして，100点にしたら終わりだよ。

とく点

点

※〔　〕は，他の式の立て方や答え方です。

1　4年生のふく習　①　1・2ページ

1　450÷75＝6　　　　答え 6本

2　5000＋4000＝9000　　答え およそ9000人

3　①□＋○＝37　②22　③18

4　$\frac{4}{7}+1\frac{5}{7}=2\frac{2}{7}$　　答え $2\frac{2}{7}$L$\left(\frac{16}{7}L\right)$

5　350×2＋340＝1040　　答え 1040g

6　2.76÷6＝0.46　　答え 0.46m

7　93−14×6＝9　　答え 9m

8　312−(59＋66)＝187　　答え 187こ

9　①1080−840＝240，　4−2＝2
　　　240÷2＝120　　答え 120円
　　②120×2＝240，　840−240＝600，
　　　600÷12＝50　　答え 50円
　　〔または　120×4＝480，
　　　1080−480＝600，600÷12＝50〕

とき方

2　問題文が「およそ何千人になりますか。」なので，5273，3628をそれぞれ百の位で四捨五入して千の位までのがい数にしてから，和を求めます。

9　えん筆1ダース（12本）をⓔ，ノートをⓝとすると，

ⓔ　＋　ⓝⓝ　＝840円

ⓔ　＋　ⓝⓝ　ⓝⓝ　＝1080円
　840円　　↑
　　　　1080−840＝240

上の図から，ノート2さつのねだんが240円であることがわかります。

2　4年生のふく習　②　3・4ページ

1　285÷45＝6あまり15　答え 7台

2　$2\frac{1}{3}-1\frac{2}{3}=\frac{2}{3}$　答え かんのほうが$\frac{2}{3}$L多い。

3　135×5＋80＝755　　答え 755円

4　①45×□＝○　②225　③8

5　400×40＝16000　　答え およそ16000m

6　2.4×15＝36
　　36dL＝3L6dL　　答え 3L6dL

7　17×53−24＝877　　答え 877まい

8　①(750＋30)÷2＝390　答え 390ぱ
　　②750−390＝360　　答え 360ぱ
　　〔または(750−30)÷2＝360〕

9　14.6÷4.1＝3あまり2.3
　　　　答え 3本できて2.3mあまる。

とき方

1　あまりの15人が乗るために，バスがあと1台いります。

4　①　（1本のねだん）×（本数）
　　　＝（代金）
　　②　45×5＝225（円）
　　③　□＝○÷45より，
　　　360÷45＝8（本）

5　370，43をそれぞれ四捨五入して上から1けたのがい数にしてから，積を見積もります。

8　①

1 ①

出入り口を横切った回数	0	1	2	3	4
今いる場所	教室	ろう下	教室	ろう下	教室

②偶数

③奇数

④教室

2 ①奇数番め

②偶数番め

③白

3 黒

4 黄色

5 青

6 ①赤

②白

ポイント

一の位の数字が，

0，2，4，6，8の数は偶数，

1，3，5，7，9の数は奇数です。

0は偶数とします。

とき方

1 ② 教室にいるのは，回数が0，2，4，…の偶数のときです。

③ ろう下にいるのは，回数が1，3，5，…の奇数のときです。

④ 8は偶数なので，教室にいます。

3 偶数番めのご石は白，奇数番めのご石は黒です。

4 整数の問題 ②　7・8ページ

1 4と6の最小公倍数は12　答え 12cm

2 6と9の最小公倍数は18　答え 18cm

3 6と8の最小公倍数は24　答え 24秒後

4 12と8の最小公倍数は24　答え 午前7時24分

5 18と16の最小公倍数を求めると144

144秒＝2分24秒　答え 2分24秒後

6 ①6と9の最小公倍数は18　答え 18cm

②(18÷6)×(18÷9)＝6　答え 6まい

7 8と12の最小公倍数は24

(24÷8)×(24÷12)＝6　答え 6まい

8 ①6と8の最小公倍数は24

(24÷6)×(24÷8)＝12　答え 12まい

②6と8の公倍数は24，48，72，…だから，

2番めに小さい正方形は1辺が48cm

(48÷6)×(48÷8)＝48　答え 48まい

9 6，8，3の最小公倍数は24だから，立方体の1辺は24cm

(24÷6)×(24÷8)×(24÷3)＝96

答え 96こ

ポイント

最小公倍数を使ってとく問題です。

とき方

1 積み重ねた高さは，あつさ4cmの図かんは4の倍数，あつさ6cmの辞典は6の倍数になります。高さが同じになるのは，高さが4と6の公倍数になるときで，最初に同じになるのは，高さが4と6の最小公倍数のときです。

6 ① たての長さは6の倍数，横の長さは9の倍数になります。いちばん小さい正方形の1辺の長さは，6と9の最小公倍数です。

② たてに18÷6＝3(まい)，横に18÷9＝2(まい) です。

1 ①4　⑦3　⑨2

2 ①2　②4

3 9と6の公約数は1，3　　**答え** 3人

4 8と12の公約数は1，2，4　　**答え** 2人，4人

5 16と24の公約数は1，2，4，8

　　　　　　　　　　　答え 2人，4人，8人

6 32と24の最大公約数は8　　**答え** 8はん

7 24と30の最大公約数は6だから，6人で分けられる。

　24÷6＝4，30÷6＝5

　　　　　答え あめ4ことせんべい5まいずつ

8 36と42の最大公約数は6だから，6人で分けられる。

　36÷6＝6，42÷6＝7

　　　　　　　　答え 赤6まい，青7まい

9 18と24の最大公約数は6　　**答え** 6cm

ポイント

公約数・最大公約数を使ってときます。公約数を求めるときは，小さい数の約数の中から大きい数の約数をみつけるとよいです。

とき方

3 　分ける人数が9と6の公約数であれば，あまりが出ないように分けられます。6の約数の中から，9の約数をみつけます。

6の約数 ①，2，③，6

1人は分けたことにならないので，3人に分けられます。

6 　分けられるはんの数でいちばん多い数なので，32と24の最大公約数をみつけます。

1 $2 \div 3 = \frac{2}{3}$　　　　**答え** $\frac{2}{3}$m

2 $3 \div 4 = \frac{3}{4}$　　　　**答え** $\frac{3}{4}$m

3 $5 \div 3 = \frac{5}{3} = 1\frac{2}{3}$　　　**答え** $1\frac{2}{3}$kg $\left(\frac{5}{3}kg\right)$

4 $3 \div 7 = \frac{3}{7}$，$4 \div 7 = \frac{4}{7}$，$\frac{4}{7} - \frac{3}{7} = \frac{1}{7}$

　　　　　答え 6年生のほうが$\frac{1}{7}$L多い。

5 $3 \div 3 = 1$，$4 \div 5 = \frac{4}{5}$，$1 - \frac{4}{5} = \frac{1}{5}$

　　　　　答え 5年生のほうが$\frac{1}{5}$m長い。

6 $3 \div 5 = \frac{3}{5}$　　　　**答え** $\frac{3}{5}$倍

7 $6 \div 7 = \frac{6}{7}$　　　　**答え** $\frac{6}{7}$倍

8 $8 \div 9 = \frac{8}{9}$　　　　**答え** $\frac{8}{9}$倍

9 $3 \div 8 = \frac{3}{8}$　　　　**答え** $\frac{3}{8}$倍

10 $8 \div 15 = \frac{8}{15}$　　　　**答え** $\frac{8}{15}$倍

とき方

6 　りんごの数（3）がみかんの数（5）の何倍かなので，式は3÷5になります。

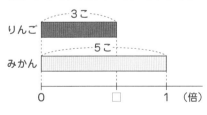

① $\frac{1}{2}+\frac{1}{3}=\frac{5}{6}$ 答え $\frac{5}{6}$L

② $\frac{2}{5}+\frac{1}{4}=\frac{13}{20}$ 答え $\frac{13}{20}$kg

③ $\frac{1}{12}+\frac{2}{9}=\frac{11}{36}$ 答え $\frac{11}{36}$m

④ $\frac{3}{8}+\frac{3}{5}=\frac{39}{40}$ 答え $\frac{39}{40}$m

⑤ $\frac{1}{15}+\frac{1}{3}=\frac{\overset{2}{6}}{\underset{5}{15}}=\frac{2}{5}$ 答え $\frac{2}{5}$kg

⑥ $1\frac{1}{6}+\frac{2}{5}=1\frac{17}{30}$ 答え $1\frac{17}{30}$L $\left(\frac{47}{30}$L$\right)$

⑦ $2\frac{1}{12}+1\frac{4}{15}=3\frac{\overset{7}{21}}{\underset{20}{60}}=3\frac{7}{20}$ 答え $3\frac{7}{20}$m² $\left(\frac{67}{20}$m²$\right)$

⑧ $1\frac{1}{2}+1\frac{2}{3}=3\frac{1}{6}$ 答え $3\frac{1}{6}$kg $\left(\frac{19}{6}$kg$\right)$

⑨ $\frac{1}{3}+\frac{1}{2}+\frac{1}{4}=\frac{13}{12}=1\frac{1}{12}$ 答え $1\frac{1}{12}$m $\left(\frac{13}{12}$m$\right)$

⑩ $\frac{3}{4}+\frac{2}{5}+\frac{1}{6}=\frac{79}{60}=1\frac{19}{60}$ 答え $1\frac{19}{60}$m $\left(\frac{79}{60}$m$\right)$

ポイント

分母がちがう分数のたし算は，通分してから計算します。また，答えが約分できるときは，約分します。

① $\frac{2}{3}-\frac{1}{4}=\frac{5}{12}$ 答え $\frac{5}{12}$L

② $\frac{2}{3}-\frac{1}{2}=\frac{1}{6}$ 答え $\frac{1}{6}$m

③ $\frac{8}{15}-\frac{1}{3}=\frac{\overset{1}{3}}{\underset{5}{15}}=\frac{1}{5}$ 答え $\frac{1}{5}$kg

④ $\frac{3}{5}-\frac{2}{7}=\frac{11}{35}$

答え みかんのほうが$\frac{11}{35}$kg多い。

⑤ $1\frac{4}{5}-1\frac{2}{3}=\frac{2}{15}$

答え 赤いリボンのほうが$\frac{2}{15}$m長い。

⑥ $1\frac{7}{12}-\frac{2}{15}=1\frac{\overset{9}{27}}{\underset{20}{60}}=1\frac{9}{20}$ 答え $1\frac{9}{20}$L $\left(\frac{29}{20}$L$\right)$

⑦ $3-1\frac{3}{4}=1\frac{1}{4}$ 答え $1\frac{1}{4}$kg $\left(\frac{5}{4}$kg$\right)$

⑧ $1\frac{1}{2}+2-1\frac{1}{4}=2\frac{1}{4}$ 答え $2\frac{1}{4}$kg $\left(\frac{9}{4}$kg$\right)$

⑨ $6\frac{3}{7}-\left(3\frac{1}{5}+2\frac{2}{3}\right)=\frac{59}{105}$ 答え $\frac{59}{105}$m

⑩ $1-\left(\frac{2}{5}+\frac{1}{4}+\frac{1}{5}\right)=\frac{3}{20}$ 答え $\frac{3}{20}$m²

とき方

④ まず，通分して大小をくらべます。

$\frac{2}{7}=\frac{10}{35}$, $\frac{3}{5}=\frac{21}{35}$ より，$\frac{2}{7}<\frac{3}{5}$

みかんの方が多いので，みかんの重さからりんごの重さをひきます。

9　小数の問題　①
17・18ページ

1　$8.3 \div 6 = 1.3\overset{4}{8}\cdots$　　**答え** 約1.4kg

2　$2.5 \div 6 = 0.41\cdots$　　**答え** 約0.4L

3　$3.6 \div 5 = 0.72$　　**答え** 約0.7m²

4　$4.4 \div 6 = 0.73\cdots$　　**答え** 約0.7m²

5　$7.8 \div 9 = 0.8\overset{9}{6}\cdots$　　**答え** 約0.9kg

6　$7.6 \div 3 = 2.53\cdots$　　**答え** 約2.5m

7　$9.5 \div 3 = 3.1\overset{2}{6}\cdots$　　**答え** 約3.2km

8　$39.1 \div 5 = 7.82$　　**答え** 約7.8km

9　$6.5 \div 9 = 0.722\cdots$　　**答え** 約0.72kg

10　$2.5 \div 3 = 0.833\cdots$　　**答え** 約0.83kg

ポイント
$\frac{1}{10}$ の位（小数第1位）までのがい数

→$\frac{1}{100}$ の位（小数第2位）を四捨五入します。

上から2けたのがい数

→上から3けためを四捨五入します。

とき方
9　答えの一の位の0は、「位を表す0」です。このような0は「上から2けた」のけた数に入れないので、$\frac{1}{10}$ の位（小数第1位）の7から、1けためと数えます。

10　小数の問題　②
19・20ページ

1　$300 \times 2.5 = 750$　　**答え** 750円

2　$250 \times 3.6 = 900$　　**答え** 900g

3　$750 \times 1.5 = 1125$　　**答え** 1125円

4　$15 \times 1.8 = 27$　　**答え** 27kg

5　$12 \times 2.8 = 33.6$　　**答え** 33.6km

6　$780 \times 0.6 = 468$　　**答え** 468円

7　$4 \times 0.8 = 3.2$　　**答え** 3.2kg

8　$190 \times 0.7 = 133$　　**答え** 133円

9　$360 \times 0.45 = 162$　　**答え** 162円

10　$350 \times 0.64 = 224$　　**答え** 224g

ポイント
整数×小数の問題です。整数×整数の問題と同じように考えます。

とき方
1　代金は、長さが小数のときでも、
（1mのねだん）×（長さ）で求められます。

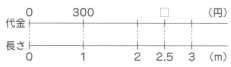

6　1より小さい数をかけると、積はかけられる数より小さくなります。

11　小数の問題　③
21・22ページ

1　$1.2 \times 2.5 = 3$　　**答え** 3kg

2　$9.5 \times 6.5 = 61.75$　　**答え** 61.75km

3　$25.4 \times 1.5 = 38.1$　　**答え** 38.1m²

4　$2.6 \times 3.4 = 8.84$　　**答え** 8.84kg

5　$1.2 \times 1.85 = 2.22$　　**答え** 2.22kg

6　$1.2 \times 0.75 = 0.9$　　**答え** 0.9kg

7　$1.47 \times 1.2 = 1.764$　　**答え** 1.764kg

8　$1.38 \times 4.7 = 6.486$　　**答え** 6.486kg

9　$1.08 \times 0.95 = 1.026$　　**答え** 1.026kg

10　$6.5 \times 2.34 = 15.21$　　**答え** 15.21dL

12 　小数の問題 ④ 23・24ページ

1 $38×1.5=57$ 　答え 57kg
2 $450×1.2=540$ 　答え 540m
3 $16×2.5=40$ 　答え 40kg
4 $12×1.4=16.8$ 　答え 16.8L
5 $3×0.75=2.25$ 　答え 2.25時間
6 $6.5×0.94=6.11$ 　答え 6.11m
7 $2.5×3.24=8.1$ 　答え 8.1L
8 $3.25×2.4=7.8$ 　答え 7.8m
9 $1.25×0.72=0.9$ 　答え 0.9時間
10 $167.5×0.84=140.7$ 　答え 140.7cm

とき方

1 　りくさんの体重（38kg）を1とみると、お父さんの体重は1.5にあたります。お父さんの体重を求める式は、$38×1.5$になります。

5 　1より小さい小数で表す倍もあります。

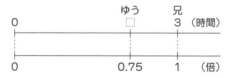

13 　小数の問題 ⑤ 25・26ページ

1 $390÷2.6=150$ 　答え 150円
2 $900÷1.8=500$ 　答え 500円
3 $625÷2.5=250$ 　答え 250円
4 $36÷1.8=20$ 　答え 20本
5 $10÷2.5=4$ 　答え 4本

6 $9÷1.8=5$ 　答え 5ふくろ
7 $250÷2=125$ 　答え 125g
8 $306÷0.9=340$ 　答え 340g
9 $960÷0.6=1600$ 　答え 1600g
10 $32÷0.8=40$ 　答え 40km

ポイント

整数÷小数の問題です。整数÷整数の問題と同じように考えます。

とき方

1 　1mのねだんは、長さが小数のときでも、（代金）÷（長さ）で求められます。

8 　1より小さい数でわると、商はわられる数より大きくなります。

14 　小数の問題 ⑥ 27・28ページ

1 $6.4÷1.6=4$ 　答え 4kg
2 $4.2÷3.5=1.2$ 　答え 1.2kg
3 $2.7÷4.5=0.6$ 　答え 0.6kg
4 $6.48÷5.4=1.2$ 　答え 1.2L
5 $1.56÷2.4=0.65$ 　答え 0.65kg
6 $0.9÷4.5=0.2$ 　答え 0.2kg
7 $0.7÷0.8=0.875$ 　答え 0.875kg
8 $1.62÷3.6=0.45$ 　答え 0.45kg
9 $4.71÷3.14=1.5$ 　答え 1.5kg
10 $10.4÷1.6=6.5$ 　答え 6.5m

1 $28.8÷1.2=24$ 　　**答え** 24本

2 $37.5÷1.5=25$ 　　**答え** 25ふくろ

3 $77.5÷2.5=31$ 　　**答え** 31日間

4 $13.4÷2.5=5$ あまり0.9 　　**答え** 5本

5 $21.9÷1.8=12$ あまり0.3 　　**答え** 12本

6 $1.8÷0.4=4$ あまり0.2

　　答え 4本できて，0.2L 残る。

7 $2.8÷0.8=3$ あまり0.4

　　答え 3本切り取れて，0.4m 残る。

8 $14.5÷1.6=9$ あまり0.1

　　答え 9ふくろできて，0.1kg残る。

9 $350÷9.6=36$ あまり4.4

　　答え 36こできて，4.4L 残る。

10 $47.2÷2.7=17$ あまり1.3

　　答え 17ふくろできて，1.3kg残る。

ポイント

小数÷小数の筆算であまりを出すとき，あまりの小数点は，わられる数のもとの小数点にそろえてうちます。

```
              5   ←商
  2,5) 1 3,4     ←わられる数
        1 2 5
          0:9   ←あまり
```

とき方

4 13.4mのテープを2.5mずつに分けるので，式は13.4÷2.5です。問題文が「2.5mのテープは何本できましたか。」なので，あまりの0.9mのテープは本数に入れずに，5本と答えます。

1 $8.7÷5.8=1.5$ 　　**答え** 1.5倍

2 $104÷6.5=16$ 　　**答え** 16倍

3 $28.5÷1.5=19$ 　　**答え** 19倍

4 $12.9÷8.6=1.5$ 　　**答え** 1.5倍

5 $3.44÷8.6=0.4$ 　　**答え** 0.4倍

6 $8.64÷14.4=0.6$ 　　**答え** 0.6倍

7 $1.8÷0.25=7.2$ 　　**答え** 7.2倍

8 $1.7÷0.8=2.12…$ 　　**答え** およそ2.1倍

9 $62.4÷34.5=1.80…$ 　　**答え** およそ1.8倍

10 $142.5÷132.8=1.07…$ 　　**答え** およそ1.1倍

ポイント

小数のときも，ある大きさが，もとにする大きさの「何倍か」を求めるには，わり算を使います。

とき方

1 横の長さ（8.7m）がたての長さ（5.8m）の何倍かなので，式は8.7÷5.8になります。

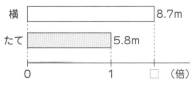

5
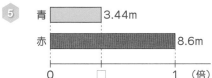

8 $\frac{1}{10}$ の位までのがい数で求めるときは，$\frac{1}{100}$ の位で四捨五入します。

17 小数の問題 ⑨ 33・34ページ

1. $7.6 \div 2 = 3.8$ 　　答え 3.8m
2. $4.5 \div 1.8 = 2.5$ 　　答え 2.5m
3. $168.6 \div 1.2 = 140.5$ 　　答え 140.5cm
4. $28.5 \div 1.5 = 19$ 　　答え 19kg
5. $5.4 \div 1.2 = 4.5$ 　　答え 4.5L
6. $4.76 \div 0.56 = 8.5$ 　　答え 8.5m
7. $2.88 \div 0.64 = 4.5$ 　　答え 4.5L
8. $49.4 \div 2.47 = 20$ 　　答え 20m
9. $1.5 \div 0.6 = 2.5$ 　　答え 2.5時間
10. $7.2 \div 0.75 = 9.6$ 　　答え 9.6m

ポイント

もとにする大きさを求める問題です。
（何倍かにあたる大きさ）÷（何倍）で求めます。

とき方

1. 黄色いテープの長さを1とみると，白いテープの長さ（7.6m）は2にあたります。

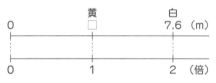

18 小数の問題 ⑩ 35・36ページ

1. ① $8 \div 10 = 0.8$ 　　答え 0.8kg
   ② $0.8 \times 1.8 = 1.44$ 　　答え 1.44kg
2. $21 \div 30 \times 70 = 49$ 　　答え 49g
3. $45.3 \div 1.5 \times 4.5 = 135.9$ 　　答え 135.9g
4. $12.4 \div 0.8 \times 2.6 = 40.3$ 　　答え 40.3m
5. $2.4 \div 1.25 \times 22.5 = 43.2$ 　　答え 43.2L

6. $(18.2 - 1.4) \div 1.2 = 14$ 　　答え 14さつ
7. $(20.9 - 1.1) \div 1.8 = 11$ 　　答え 11本
8. $(10 - 0.45) \div 12.5 = 0.764$ 　　答え 0.764kg
9. $(10.6 + 15.8) \times 12.5 = 330$ 　　答え 330L
10. $12.6 \times (12.5 + 20.8) = 419.58$

　　答え 419.58km

とき方

2. はり金1cmの重さは，$21 \div 30$(g)です。
6. 辞典何さつか分の重さは，全体の重さからダンボール箱の重さをひいた重さで，$18.2 - 1.4$(kg)です。
9. 1分間に出る水の量は，細いじゃ口から出る量（10.6L）と太いじゃ口から出る量（15.8L）をあわせた量なので，$10.6 + 15.8$(L)です。
10. 自動車に入っているガソリンの量は，もともと入っていた量（12.5L）と，入れた量（20.8L）をあわせた量で，$12.5 + 20.8$(L)です。

19 平均の問題 37・38ページ

1. $(6 + 4 + 0 + 2 + 8) \div 5 = 4$ 　　答え 4さつ
2. $(62 + 58 + 64 + 60 + 61) \div 5 = 61$ 　　答え 61g
3. $(75 \times 2 + 80 \times 2 + 94) \div 5 = 80.8$ 　　答え 80.8点
4. $(136 + 140 + 145 + 132) \div 4 = 138.2 \cdots$
   　　答え 約138cm
5. $(63.5 + 62.8 + 63.4 + 63.6) \div 4 = 63.3 \cdots$
   　　答え 約63m
6. $(5 \times 3 + 4 \times 4) \div (3 + 4) = 4.42 \cdots$
   　　答え 約4.4台

7 $2 \times 12 = 24$ 　　**答え** 約24km

8 $2.6kg = 2600g$，$2600 \div 65 = 40$

　　　　　　　　　　　答え 40こ

9 ①$(70 + 85 + 65 + 90 + 95 + 75) \div 6 = 80$

　　　　　　　　　　　答え 80mL

　　②$80 \times 25 = 2000$　　**答え** 2000mL

　　③$960 \div 80 = 12$　　**答え** 12こ

ポイント

平均＝合計÷こ数

とき方

1　読んだ本の数が0さつの10月もふくめて
考えます。

7　平均を使って，全体のきょりや量を求める
ことができます。

20　**単位量あたりの大きさの問題** 39・40ページ

1　（赤いテープ）　$150 \div 6 = 25$

　　（白いテープ）　$130 \div 5 = 26$　**答え** 赤いテープ

2　（5さつで625円のノート）　$625 \div 5 = 125$

　　（4さつで520円のノート）　$520 \div 4 = 130$

　　　　　答え 5さつで625円のノート

3　（1.5kgで300円のじゃがいも）

　　　　　　　$300 \div 1.5 = 200$

　　（1.6kgで400円のじゃがいも）

　　　　　　　$400 \div 1.6 = 250$

　　　　答え 1.6kgで400円のじゃがいも

4　（りくとさんの家の畑）　$90 \div 50 = 1.8$

　　（ひまりさんの家の畑）　$57 \div 30 = 1.9$

　　　　　　　答え ひまりさんの家の畑

5　（A）　$315 \div 35 = 9$

　　（B）　$380 \div 40 = 9.5$　　**答え** Bの自動車

6　（そうまさんの家の畑）　$360 \div 40 = 9$

　　（かのんさんの家の畑）　$460 \div 50 = 9.2$

　　　　　　　答え かのんさんの家の畑

7　（公園）　$40 \div 500 = 0.08$

　　（中庭）　$30 \div 300 = 0.1$　　**答え** 学校の中庭

8　（本町小学校）　$820 \div 600 = 1.36\cdots$

　　（東小学校）　$782 \div 580 = 1.34\cdots$

　　　　　　　答え 本町小学校

9　$93080000 \div 231000 = 402.94\cdots$

　　　　　　　答え 約402.9人

10　（A町）　$7824 \div 38 = 205.8\cdots$

　　（B町）　$9240 \div 42 = 220$　　**答え** B町

ポイント

作物のとれぐあいや，こみぐあいなどをくら
べるときは，単位量あたりの大きさを調べま
す。また，1km²あたりの人口を人口密度と
いいます。

人口密度＝人口÷面積(km²)

とき方

4　じゃがいもの量÷面積です。

5　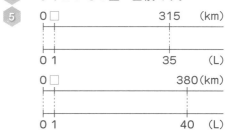

1 $80 \div 2 = 40$ 答え 時速40km

2 $2700 \div 15 = 180$ 答え 分速180m

3 $120 \div 8 = 15$ 答え 秒速15m

4 $4000 \div 25 = 160$ 答え 分速160m

5 $200 \div 2.5 = 80$ 答え 時速80km

6 $50 \div 40 = 1.25$ 答え 分速1.25km

7 $3km = 3000m$, $3000 \div 45 = 66.6\overset{7}{6}\cdots$

答え 分速約67m

8 $25 \times 2 \div 42 = 1.1\overset{2}{9}\cdots$ 答え 秒速約1.2m

9 3分=180秒, $72 \times 10 \div 180 = 4$

答え 秒速4m

10 10時−8時40分=80分, 16km=16000m,

$16000 \div 80 = 200$ 答え 分速200m

ポイント

速さ＝道のり÷時間

とき方

1

| 道のり | 0 | □ | 80 (km) |
| 時間 | 0 | 1 | 2 (時間) |

7 問題文が「分速約何mで歩きましたか。」なので，道のりの単位をkmからmになおして計算します。

8 25mのプールを1往復したので，42秒で25×2(m)泳いだことになります。

9 10周したので，道のりは72×10(m)です。秒速何mなので，時間の単位を分から秒になおして計算します。

1 $340 \times 60 = 20400$ 答え 分速20400m

2 $6 \times 60 = 360$ 答え 分速360m

3 $5 \times 60 = 300$ 答え 時速300km

4 $4 \times 60 = 240$ 答え 時速240km

5 $1.2 \div 20 = 0.06$, $0.06 \times 60 = 3.6$

答え 時速3.6km

6 $1800 \div 60 = 30$ 答え 分速30km

7 $60 \div 60 = 1$ 答え 分速1km

8 $1500 \div 60 = 25$ 答え 秒速25m

9 分速4.2km=分速4200m

$4200 \div 60 = 70$ 答え 秒速70m

$\left[\begin{array}{l} \text{または，} 4.2 \div 60 = 0.07(km), \\ \text{秒速0.07km＝秒速70m} \end{array}\right]$

10 時速1800km=時速1800000m

$1800000 \div 60 \div 60 = 500$

ジェット機は秒速500m 答え ジェット機

とき方

1 1秒間に340m進むので，1分間（60秒間）では340×60（m）進みます。

3 分速5kmは1分間に5km進む速さです。1時間（60分）では5×60(km)進むので，時速300kmになります。

6 1時間＝60分，60分で1800km進むから，1分間では$1800 \div 60$(km)進みます。

8 1分＝60秒，60秒で1500m進むから，1秒間では$1500 \div 60$(m)進みます。

10 1時間＝3600秒なので，時速を秒速になおすには，3600でわって求めてもよいです。

23 速さの問題 ③

45・46ページ

1 $40×3=120$ **答え** 120km

2 $64×2.5=160$ **答え** 160km

3 分速300m＝分速0.3km

$0.3×15=4.5$ **答え** 4.5km

〔または，$300×15=4500$，$4500m＝4.5km$〕

4 分速500m＝分速0.5km

$0.5×25=12.5$ **答え** 12.5km

〔または，$500×25=12500$，$12500m＝12.5km$〕

5 $8×60=480$，$480×5=2400$ **答え** 2400km

6 $11時－8時＝3時間$，$12×3=36$ **答え** 36km

7 $340×(6÷2)=1020$ **答え** 1020m

8 $8×60=480$，$480×5=2400$，

$2400m＝2.4km$，$12－2.4=9.6$ **答え** 9.6km

9 $30÷60=0.5$，$0.5×20=10$ **答え** 10km

10 $10時20分－9時40分＝40分$

$72÷60=1.2$，$1.2×40=48$ **答え** 48km

ポイント

道のり＝速さ×時間

とき方

1

道のり ├─────40─────────□ (km)

時間 ├─────1─────────3 (時間)

7 音が山に反しゃして返ってくるまでが6秒だから，山までは3秒でとどきます。

8 秒速8mは分速480m（$8×60$）です。ロープウェーで$480×5=2400m＝2.4km$進むので，歩く道のりは，$12－2.4(km)$になります。

9 時速30kmを分速になおすと，$30÷60=0.5$で，分速0.5kmです。

24 速さの問題 ④

47・48ページ

1 $12÷3=4$ **答え** 4時間

2 $910÷65=14$ **答え** 14分

3 $4.9km＝4900m$，$4900÷700=7$ **答え** 7分

〔または，分速700m＝分速0.7km，$4.9÷0.7=7$〕

4 $22500m＝22.5km$，$22.5÷15=1.5$

答え 1.5時間〔1時間30分，90分〕

5 $54km＝54000m$，$54000÷720=75$，

$75分＝1時間15分$ **答え** 1時間15分

6 $2.3km＝2300m$，$2300÷50=46$，

$8時30分＋46分＝9時16分$ **答え** 午前9時16分

7 $3km＝3000m$，$3.9km＝3900m$，

$3000÷60＋3900÷75=102$

$102分＝1時間42分$ **答え** 1時間42分

8 $12×60=720$，$21.6km＝21600m$，

$21600÷720=30$ **答え** 30分

9 $6×60=360$，$1.8km＝1800m$，

$1800×3÷360=15$ **答え** 15分

10 $12×60×60=43200$，$21.6km＝21600m$，

$21600÷43200=0.5$ **答え** 0.5時間

ポイント

時間＝道のり÷速さ

とき方

1

道のり ├─────3─────────12 (km)

時間 ├─────1─────────□ (時間)

8 問題文が「何分かかりますか。」なので，秒速を分速になおして計算します。

10 問題文が「何時間かかりますか。」なので，秒速を時速になおして計算します。

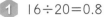 **25** 割合の問題 ① 49・50ページ

1 16÷20＝0.8　　　**答え** 0.8倍

2 16÷20＝0.8　　　**答え** 0.8

3 7÷35＝0.2　　　**答え** 0.2

4 35÷40＝0.875　　**答え** 0.875

5 18÷36＝0.5　　　**答え** 0.5

6 9÷150＝0.06　　　**答え** 0.06

7 15÷20＝0.75　　　**答え** 0.75

8 40÷200＝0.2　　　**答え** 0.2

9 20÷500＝0.04　　　**答え** 0.04

10 64.8÷13.5＝4.8　　**答え** 4.8

※ 割合は分数で答えてもよいです。

もとにする量を1とみたとき，くらべる量が
どれだけにあたるかを表した数を，割合とい
います。
割合＝くらべる量÷もとにする量

とき方

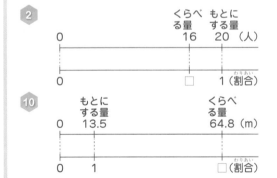

---

 26 割合の問題 ② 51・52ページ

1 35×1.2＝42　　　**答え** 42kg

2 14×1.5＝21　　　**答え** 21m

3 35×0.9＝31.5　　**答え** 31.5kg

4 180×0.6＝108　　**答え** 108人

5 48×0.7＝33.6　　**答え** 33.6L

6 240×0.3＝72　　**答え** 72ページ

7 860×0.2＝172　　**答え** 172人

8 140×0.8＝112　　**答え** 112cm

9 6855×1.2＝8226　**答え** 8226人

10 400×0.1＝40　　**答え** 40こ

ポイント
くらべる量＝もとにする量×割合

とき方

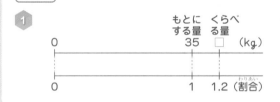

27 割合の問題 ③ 53・54ページ

1 49÷1.4＝35　　　**答え** 35kg

2 49÷0.7＝70　　　**答え** 70kg

3 8÷0.4＝20　　　**答え** 20回

4 42÷0.6＝70　　　**答え** 70題

5 4.8÷0.2＝24　　　**答え** 24L

6 24÷0.2＝120　　　**答え** 120人

7 204÷0.8＝255　　**答え** 255ページ

8 306÷0.4＝765　　**答え** 765m²

9 136÷0.8＝170　　**答え** 170cm

10 2520÷1.4＝1800　**答え** 1800円

ポイント

もとにする量＝くらべる量÷割合

とき方

1 弟の体重を□kgとすると，

$$□×1.4＝49(kg)$$
$$□＝49÷1.4$$
$$＝35(kg)$$

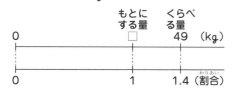

ポイント

もとにする量を100とみて，％で表した割合を百分率といいます。割合の1は百分率にすると100％なので，割合を表す小数に100をかけると，百分率になります。

とき方

2 $0.6×100＝60(\%)$

3
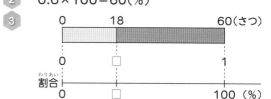

---

28 割合の問題 ④　　55・56ページ

1 $16÷40＝0.4$　　【答え】 0.4

2 $24÷40＝0.6$　　【答え】 60%

3 $18÷60＝0.3$　　【答え】 30%

4 $45÷50＝0.9$　　【答え】 90%

5 $30÷150＝0.2$　　【答え】 20%

6 $900÷3600＝0.25$　　【答え】 25%

7 $360÷2400＝0.15$　　【答え】 15%

8 $50÷400＝0.125$　　【答え】 12.5%

9 $321÷6420＝0.05$　　【答え】 5 %

10 $400÷3200＝0.125$　　【答え】 12.5%引き

---

29 割合の問題 ⑤　　57・58ページ

1 $35×0.2＝7$　　【答え】 7人

2 $600×0.3＝180$　　【答え】 180さつ

3 $80×0.6＝48$　　【答え】 48さつ

4 $4500×0.2＝900$　　【答え】 900円

5 $24×0.4＝9.6$　　【答え】 9.6m²

6 $120×0.75＝90$　　【答え】 90人

7 $700×0.25＝175$　　【答え】 175円

8 $1500×1.2＝1800$　　【答え】 1800kg

9 $640×0.05＝32$　　【答え】 32人

10 $180×0.86＝154.8$　　【答え】 154.8g

ポイント

くらべる量を求める問題です。百分率を100でわり，小数の割合になおしてから求めます。

30 割合の問題 ⑥ 59・60ページ

1. $12 ÷ 0.1 = 120$　**答え** 120人
2. $21 ÷ 0.6 = 35$　**答え** 35人
3. $6 ÷ 0.2 = 30$　**答え** 30L
4. $12 ÷ 0.3 = 40$　**答え** 40さつ
5. $300 ÷ 0.4 = 750$　**答え** 750円
6. $80 ÷ 0.1 = 800$　**答え** 800m²
7. $240 ÷ 0.4 = 600$　**答え** 600ページ
8. $3600 ÷ 1.2 = 3000$　**答え** 3000kg
9. $41.8 ÷ 1.1 = 38$　**答え** 38kg
10. $140 ÷ 0.1 = 1400$　**答え** 1400こ

ポイント

もとにする量を求める問題です。百分率を100でわり，小数の割合になおしてから求めます。

31 割合の問題 ⑦ 61・62ページ

1. $10 ÷ (90 + 10) = 0.1$　**答え** 10%
2. $30 ÷ (120 + 30) = 0.2$　**答え** 20%
3. $20 ÷ (480 + 20) = 0.04$　**答え** 4%
4. $45 ÷ (45 + 5) = 0.9$　**答え** 90%
5. $62 ÷ (62 + 18) = 0.775$　**答え** 77.5%
6. $(500 + 50) ÷ 500 = 1.1$　**答え** 110%
7. $(300 + 60) ÷ 300 = 1.2$　**答え** 120%
8. $(456 + 114) ÷ 456 = 1.25$　**答え** 125%
9. $(250 + 150) ÷ 250 = 1.6$　**答え** 160%
10. $(2800 + 600) ÷ 2800 = 1.214⋯$
　答え 約121%

ポイント

問題文をよく読んで，もとにする量やくらべる量が何かを考えます。

とき方

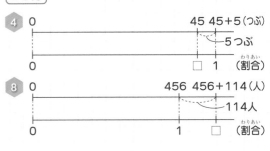

32 割合の問題 ⑧ 63・64ページ

1. $(300 - 270) ÷ 300 = 0.1$　**答え** 10%
2. $(200 - 180) ÷ 200 = 0.1$　**答え** 10%
3. $(500 - 400) ÷ 500 = 0.2$　**答え** 20%
4. $(800 - 380) ÷ 800 = 0.525$　**答え** 52.5%
5. $(250 - 200) ÷ 250 = 0.2$　**答え** 20%
6. $60 ÷ (560 - 60) = 0.12$　**答え** 12%
7. $40 ÷ (540 - 40) = 0.08$　**答え** 8%
8. $8 ÷ (48 - 8) = 0.2$　**答え** 20%
9. $15 ÷ (75 - 15) = 0.25$　**答え** 25%
10. $300 ÷ (4300 - 300) = 0.075$　**答え** 7.5%

とき方

5. くらべる量（食塩の重さ）÷もとにする量（食塩水全体の重さ）で求めます。
$250 - 200$(g)が食塩の重さです。

8. くらべる量（ふえた本の数）÷もとにする量（先月の本の数）で求めます。
$48 - 8$(さつ)が先月の本の数です。

33 割合の問題 ⑨

65・66ページ

1 $300 \times 1.2 = 360$　　答え 360円
2 $400 \times 1.1 = 440$　　答え 440円
3 $480 \times 1.1 = 528$　　答え 528人
4 $600 \times 1.3 = 780$　　答え 780円
5 $13000 \times 1.1 = 14300$　　答え 14300円
6 $800 \times 0.8 = 640$　　答え 640円
7 $480 \times 0.8 = 384$　　答え 384人
8 $2800 \times 0.75 = 2100$　　答え 2100円
9 $600 \times 0.32 = 192$　　答え 192m²
10 $600 \times 0.65 = 390$　　答え 390人

とき方

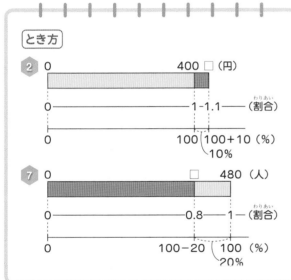

34 割合の問題 ⑩

67・68ページ

1 $\square \times 0.8 = 580$
　$\square = 580 \div 0.8$
　$\quad = 725$　　答え 725円
2 $\square \times 0.9 = 2250$
　$\square = 2250 \div 0.9$
　$\quad = 2500$　　答え 2500円

3 $\square \times 0.7 = 280$
　$\square = 280 \div 0.7$
　$\quad = 400$　　答え 400人
4 $\square \times 0.9 = 225$
　$\square = 225 \div 0.9$
　$\quad = 250$　　答え 250本
5 $\square \times 0.6 = 840$
　$\square = 840 \div 0.6$
　$\quad = 1400$　　答え 1400m²
6 $\square \times 0.8 = 32$
　$\square = 32 \div 0.8$
　$\quad = 40$　　答え 40人
7 $\square \times 0.9 = 180$
　$\square = 180 \div 0.9$
　$\quad = 200$　　答え 200ページ
8 $\square \times (1.2 - 1) = 60$
　$\square \times 0.2 = 60$
　$\square = 60 \div 0.2$
　$\quad = 300$　　答え 300席

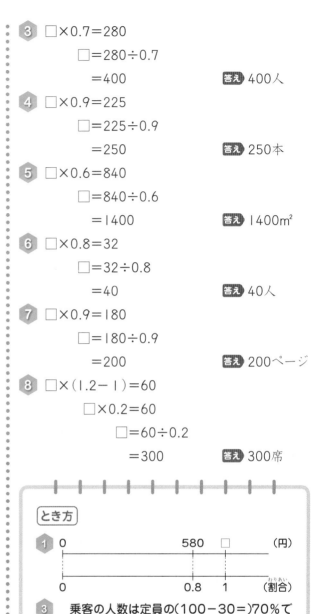

1 12÷20＝0.6　　　　　　　　　答え 6割

2 45÷450＝0.1　　　　　　　　答え 1割

3 （1500−1200）÷1500＝0.2　答え 2割引き

4 400×0.2＝80　　　　　　　　答え 80円

5 540÷1.8＝300　　　　　　　答え 300m²

6 □×0.7＝1260

　　　　□＝1260÷0.7

　　　　　＝1800　　　　　　　　答え 1800円

7 □×1.1＝3850

　　　　□＝3850÷1.1

　　　　　＝3500　　　　　　　　答え 3500人

8 36÷0.48＝75　　　　　　　　答え 75 L

9 600×1.25＝750　　　　　　　答え 750円

10 480×0.125＝60　　　　　　　答え 60人

ポイント

割合の0.1を1割，0.01を1分，0.001を
1厘と表すことがあります。このような割合
の表し方を歩合といいます。

とき方

3　くらべる量の安くした分は
（1500−1200）円で，もとにする量の定価
は1500円です。

4　もとにする量（400円）×割合（2割）で求め
ます。

5　くらべる量（540m²）÷割合（18割）で求め
ます。

6　7割を小数で表すと0.7です。

9　2割5分を小数で表すと0.25です。定価
は仕入れたねだんに，1＋0.25＝1.25をか
けて求めます。

1 ①270−190＝80，　3−1＝2

　　80÷2＝40　　　　　　　　答え 40円

②190−40＝150　　　　　　答え 150円

〔または，270−40×3＝150〕

2 ①340−190＝150，　4−1＝3

　　150÷3＝50　　　　　　　答え 50円

②190−50＝140　　　　　　答え 140円

〔または，340−50×4＝140〕

3 340−220＝120，　3−1＝2

120÷2＝60，　220−60＝160

　　　　答え りんご…160円，かき…60円

〔または，340−60×3＝160〕

4 530−290＝240，　4−2＝2

240÷2＝120，　290−120×2＝50

　　　答え 消しゴム…50円，ノート…120円

〔または，530−120×4＝50〕

5 780−450＝330，　6−3＝3

330÷3＝110

450−110×3＝120，　120÷2＝60

　　　答え 消しゴム…60円，ノート…110円

〔または，780−110×6＝120，120÷2＝60〕

6 ①12÷（2＋1）＝4　　　答え 4こ

②12−4＝8　　　　　　答え 8こ

〔または，4×2＝8〕

7 ①16÷（3＋1）＝4　　　答え 4こ

②16−4＝12　　　　　　答え 12こ

〔または，4×3＝12〕

8 24÷（2＋1）＝8，　24−8＝16

　　　　答え 赤いおはじき…8こ

　　　　　　青いおはじき…16こ

〔または，8×2＝16〕

⑨ $40 \div (4+1)=8$, $40-8=32$

答え 大人…8人, 子ども…32人

〔または, $8 \times 4 = 32$〕

⑩ $1950 \div (2+1)=650$

$1950-650=1300$

答え 大人…1300円, 子ども…650円

〔または, $650 \times 2 = 1300$〕

ポイント

問題を図に表して考えましょう。

とき方

① 問題を図に表して, 同じになっているものをさがします。なしを⑭, みかんを⑳として, 図に表すと,

⑭ ＋ ⑳ ＝ 190円

⑭ ＋ ⑳ ⑳⑳ ＝ 270円
190円 ↑
$270-190=80$

上の図から, みかん2このねだんが80円であることがわかります。よって, みかん1このねだんは, $80 \div 2 = 40$（円）で, なし1このねだんは, $190-40=150$（円）です。

⑥ 問題を図に表して, 全体のいくつ分かを考えます。りんごの数を1とみると, くりの数は2で, 全体としては（2＋1）です。りんごの数は, 12こを（2＋1）等分した1つ分なので, $12 \div (2+1)=4$（こ）になります。

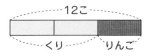

⑦

---

① ①16こ

②$3 \times 4 - 4$, $4 \times 4 - 4$, $5 \times 4 - 4$

③$20 \times 4 - 4 = 76$ **答え** 76こ

② $20 \times 3 - 3 = 57$ **答え** 57こ

③ 1まいめは10で, 1まいふえるごとに4ずつふえているから, $10+4 \times 19=86$

答え 86

〔または, いちばん上の列がまい数と同じ数だから, $20+21+22+23=86$〕

④ ①$(3+1) \times 3 \div 2$, $(4+1) \times 4 \div 2$

②$(20+1) \times 20 \div 2 = 210$ **答え** 210こ

⑤ $(20+1) \times 20 \div 2 = 210$ **答え** 210まい

とき方

① ② 1辺のおはじきの数×辺の数（4）から, 4つの角の部分で重なっている4こをひきます。

② 下の図のように, 全部の数は, 1辺のおはじきの数×辺の数（3）から, 3つの角の部分で重なっている3こをひくと求められます。

1辺に2こ　　1辺に3こ　　　1辺に4こ

$2 \times 3 - 3$　　$3 \times 3 - 3$　　　$4 \times 3 - 3$

⑤ 下の図のように考えて求めます。

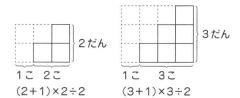

1こ 2こ　　　　1こ 3こ
$(2+1) \times 2 \div 2$　　$(3+1) \times 3 \div 2$

1　$30 \div 5 = 6$ 　　答え　6こ

2　$50 \div 5 = 10$ 　　答え　10こ

3　$100 \div (110 - 90) = 5$ 　　答え　5さつ

4　$40 \div (60 - 55) = 8$ 　　答え　8本

5　①$90 \div (80 - 65) = 6$ 　　答え　6こ
　　②$80 \times 6 = 480$ 　　答え　480円

6　①$4 \times 10 \div 5 = 8$ 　　答え　8円
　　②$8 \times 15 = 120$ 　　答え　120円

7　①$5 \times 15 \div (20 - 15) = 15$ 　　答え　15円
　　②$15 \times 20 = 300$ 　　答え　300円

8　(買うつもりだったケーキ1このねだん)
　　$25 \times 8 \div (10 - 8) = 100$
　　(持っていたお金)
　　$100 \times 10 = 1000$ 　　答え　1000円

ポイント

問題文をよく読んで，順番に式を立てて考えましょう。

とき方

3　1さつにつき，$110 - 90$(円)安いノートを買ったことになります。

5　②　$65 \times 6 = 390$(円)としないように気をつけましょう。これは買ったりんごの代金です。

7　①　5×15(円)で，あと$20 - 15$(こ)買えたことになるので，買う予定だったたまご1このねだんは，
　　$5 \times 15 \div (20 - 15) = 15$(円)です。
　　②　用意していたのは，1こ15円のたまごを20こ買うのにちょうどのお金なので，
　　$15 \times 20 = 300$(円)です。

1　$60 \div 4 = 15$ 　　答え　秒速15m

2　$(80 + 120) \div 5 = 40$ 　　答え　秒速40m

3　$(80 + 240) \div 8 = 40$ 　　答え　秒速40m

4　$(90 + 660) \div 30 = 25$，　$25 \times 60 = 1500$
　　　　　　　　　　　答え　分速1500m
　　〔または，30秒＝0.5分，$(90 + 660) \div 0.5 = 1500$〕

5　$50 \times 20 - 900 = 100$ 　　答え　100m

6　$20 \times 20 - 330 = 70$ 　　答え　70m

7　$86400 \div 60 \div 60 = 24$
　　時速86.4km＝秒速24m
　　2分10秒＝130秒
　　$24 \times 130 - 2970 = 150$ 　　答え　150m

8　$(120 + 580) \div 25 = 28$ 　　答え　28秒

9　$(145 + 453) \div 23 = 26$ 　　答え　26秒

10　$1800 \div 60 = 30$，　分速1.8km＝秒速30m
　　$(100 + 500) \div 30 = 20$ 　　答え　20秒

とき方

1　電車がさくらさんの前を通過するときに進む道のりは，電車の長さと等しくなります。

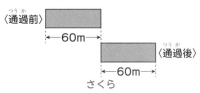

〈通過前〉
←　60m　→

〈通過後〉
←　60m　→
さくら

4　電車が鉄橋をわたり始めてから，すっかりわたり終えるまでに進む道のりは，(電車の長さ＋鉄橋の長さ)となります。

6　電車が20秒で進む道のり(20×20)は，(電車の長さ＋トンネルの長さ)となります。

8　トンネルをすっかり通りすぎるには，(電車の長さ＋トンネルの長さ)進みます。

40	**しんだんテスト ①**	79・80ページ

1 赤

2 $1\frac{1}{3}+\frac{1}{4}=1\frac{7}{12}$ 　　答え $1\frac{7}{12}$ L

3 $1.15×0.84=0.966$ 　　答え 0.966kg

4 $43.6÷3.5=12.4\overset{5}{5}…$ 　　答え 約12.5km

5 $(32.4+28.8+38.7)÷3=33.3$ 　答え 33.3kg

6 $70÷50=1.4$ 　　答え 分速1.4km

7 $14÷35=0.4$ 　　答え 40%

8 $360×0.35=126$ 　　答え 126こ

9 $□×0.8=96$

　　　$□=96÷0.8$

　　　　$=120$ 　　答え 120ページ

10 $160×1.25=200$ 　　答え 200円

11 $450-270=180$, $5-2=3$,

　　$180÷3=60$, $270-60×2=150$

　　　答え りんご…150円, みかん…60円

　〔または, $450-60×5=150$〕

とき方

1 偶数番めの色は青, 奇数番めの色は赤です。
　　35番めは奇数なので赤になります。

4 商を四捨五入して $\frac{1}{10}$ の位まで求めると
　　きは, $\frac{1}{100}$ の位を四捨五入します。

6 速さ＝道のり÷時間

7 割合＝くらべる量÷もとにする量
　　図に表すと考えやすくなります。

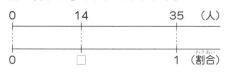

41	**しんだんテスト ②**	81・82ページ

1 16と12の最小公倍数は48

　　　答え 午前10時18分

2 $3\frac{2}{5}-1\frac{3}{4}=1\frac{13}{20}$ 　　答え $1\frac{13}{20}$ L

3 $2.4×2.25=5.4$ 　　答え 5.4 L

4 $14.4÷3.2=4.5$ 　　答え 4.5m

5 $3.4kg=3400g$, $3400÷85=40$ 　答え 40こ
　〔または, $85g=0.085kg$, $3.4÷0.085=40$〕

6 分速200m＝分速0.2km

　　$0.2×20=4$ 　　答え 4 km
　〔または, $200×20=4000$, $4000m=4km$〕

7 $8÷32=0.25$ 　　答え 0.25

　$\left[$または, $8÷32=\frac{1}{4}$ 答え $\frac{1}{4}\right]$

8 $120÷0.25=480$ 　　答え 480円
　$\left[\begin{array}{l}\text{または, □円として□×0.25=120,}\\ □=120÷0.25=480\end{array}\right]$

9 $30÷(30+220)=0.12$ 　答え 12%

10 $□×0.7=2240$

　　　$□=2240÷0.7$

　　　　$=3200$ 　　答え 3200円

とき方

1 最小公倍数を使ってときます。16と12の
　　最小公倍数は48なので, 次にバスが同時に
　　出発するのは, 午前9時30分から48分後の
　　午前10時18分です。

6 道のり＝時間×速さ
　　問題文が「何kmありますか。」なので,
　　4000mではなく, 4kmと答えます。

10 30%引きの割合は, 1-0.3になります。

5年生　文章題

42 しんだんテスト ③ 83・84ページ

1 16と24の最大公約数は8　　**答え** 8はん

2 $3\frac{2}{5}-2\frac{2}{3}=\frac{11}{15}$

答え 赤いリボンのほうが$\frac{11}{15}$m長い。

3 45.3÷3.75＝12あまり0.3

答え 12ふくろできて，0.3kg残る。

4 12.4÷0.8＝15.5，15.5×15.6＝241.8

答え 241.8m

5 （西小学校）550÷450＝1.222…

（東小学校）680÷560＝1.214…

答え 西小学校

6 492÷9840＝0.05　　**答え** 5％

7 2800×0.75＝2100　　**答え** 2100円

$\left[\begin{array}{l} \text{または，}2800\times0.25=700, \\ 2800-700=2100 \end{array}\right]$

8 36÷0.45＝80　　**答え** 80L

$\left[\begin{array}{l} \text{または，}\square\times0.45=36, \\ \square=36\div0.45=80 \end{array}\right]$

9 64÷（1＋3）＝16，64−16＝48

答え 赤い色紙…48まい，青い色紙…16まい

〔または，16×3＝48〕

10 （80＋420）÷25＝20，20×60＝1200

答え 分速1200m

とき方

8 割合を小数で表すと，1割は0.1，1分は0.01なので，4割5分は0.45です。

9